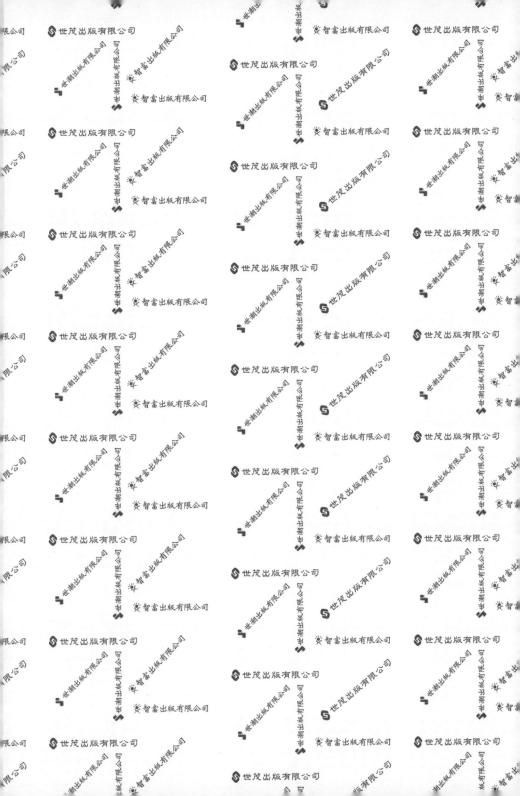

世界第一簡單
電學原理

藤瀧 和弘◎著　林羿妏◎譯
MATSUDA◎作畫
TREND・PRO◎製作

前言

　　在現代生活中，電是不可或缺的。一般常將電流比喻成水流做說明，但由於電是存在於無形的，因此更難令人理解。那麼，該怎麼做才能了解電呢？

　　電提供熱、光和力，在日常生活的各種情況都發揮重大功能。不過，即使我們清楚知道電提供了許多便利，卻仍無法意識到電的存在。然而，若能先理解電運作的基本構造再來反觀生活中各項電器用品，你便能發現電的存在。

　　本書先以漫畫做概略的說明後，再用文字加以解說。關於電的運作內容中並沒有任何艱澀的說明。期望各位讀者，也能和漫畫中的主角麗麗子一起跟隨小光老師的說明進入電的世界。淺顯易懂的說明將讓一竅不通的讀者也能輕鬆閱讀。

　　重申一次，本書採用具故事性的漫畫，以淺顯易懂的方式解說電學原理。

　　本書之所以能付梓成書，我要在此感謝負責繪畫的 MATSU-DA，以及負責製作的 TREND・PRO 的工作人員。另外，感謝幫忙審閱的東京電機大學的三谷政昭先生。在此獻上深深謝意。此外，由衷感謝讓我有此出書機會的OHM社。

　　最後，若各位讀者能藉由本書更加理解電，並對電抱持興趣，我將感到非常榮幸。

2006 年 12 月

藤瀧和弘

目　次

第 3 章　一窺電的運作　　85

◆序章◆
話說電之國──電邦

電邦

這是比地球擁有更先進電器產品的世界。

然而，即使在如此先進的電邦中，教育上的困擾和地球並無太大差別……

中央電子教育學校

國中部
職員室

麗麗子……

妳知道我為什麼叫妳來嗎？

嗯……這個……

絕對是因為我太笨，所以一下子也想不出來。

沒關係。反正妳說的是事實。

是因為這個！這次的期末考成績！

妳已經連續三次不及格了吧？妳這種人真難得一見！

啪沙

電學工

那大概是因為我的才能還深藏不露吧！

咚

我不得不佩服妳的樂觀⋯⋯

無論如何，請妳在秋假期間補課，補考前再上一些課後輔導吧！

啊？

在秋假期間上課？！

是呀！請在那邊好好從頭開始學習吧！

啊～

別緊張。環境上沒什麼差別，而且那邊的電學教學進度比較慢，剛好符合妳的程度！

但、但是，這麼突然，也會讓那邊的老師感到困擾吧……

我已經寫信跟他打過招呼了。別擔心！

而且我爸媽還沒有同意……

他們說「請好好加油」喔！

怎……怎麼可以這樣輕易將女兒送走！

生氣 生氣

另外，請將它帶去。

這個機器人是什麼呀？

這是用於通訊和監視的機器人：「世之助」。

它可當作往來兩地的護照，所以請好好珍惜使用。

請多多指教。

日本・東京

淅瀝嘩啦……

怎麼突然下起雨了……

真糟糕……早知道就帶傘出門。

反正快到家了，用跑的吧……

轟

轟

啪啦

閃光

啊？

轟轟

哇！！

隆

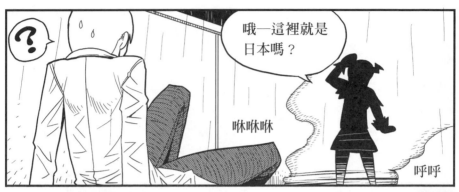

我確實在大學進行電學的研究,是可以教妳電學……

但妳究竟是誰呀?

咦?你沒收到信嗎?

信?

啊!

經妳這麼一說,我確實有收到一封沒有郵戳、來路不明的信。

翻

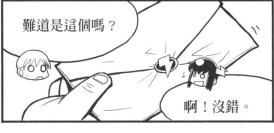

難道是這個嗎?

啊!沒錯。

矢野光老師
希望請您指導麗麗子,她將登門拜訪。若您能教導她是我們的榮幸。請您務必協助。

中央電子教育學校
特特卡

那麼,這封信上寫的麗麗子就是……

就是我!

總而言之,在雨中不方便談,還是到屋裡談吧?

沙沙沙沙

好!

我房間有點亂喔……

卡恰

打擾

毛巾、毛巾……咦?

翻箱

倒櫃

丟

……

了……

不……

這也太誇張了吧!

卡沙

......

噗

咦?我明明記得毛巾放在這兒……

哇!!

嚇一跳

玩、玩偶居然會說話?!

OPO! ?

什麼?

它不是玩偶喔!

放開我啦!

世之助是監視、通訊用的小型機器人哦!

怎麼回事?可以說清楚嗎?

嗯……

總之，就是這麼一回事。

原來是從另一個世界到這裡來學習的呀！

電邦的電學是比這個世界還要稍微發達一點的國家。

因此相當重視電學的學習，像我這樣的年級至少必須要懂些基礎……但是我……該怎麼說呢？

因為被留級。

打打打

唉喲

總之，就是打算在這邊補課，把跟不上的部分補上囉！

特特卡老師對這個世界的事物還真熟悉呢！

拜託你了，
小光老師……

可以教我電
學的基礎知
識嗎？

所以才會認爲小光老師
很適合教我吧！

她到底是怎麼
知道的呀？

我既然犧牲了秋假來
到這裡，若沒有完成
補課是回不去的。

就算妳這樣說，我
還是要做研究呀！

……

那這樣如何？

就誠如妳所見，
我的房間有點雜
亂吧？

有點?!

根、根本是
非常雜亂吧！

第**1**章
電是什麼？

1.生活與電

小光老師！我大致整理完了！

辛苦了！稍微休息一下吧！

咦？

呼嚕呼嚕……

這個水壺怎麼了嗎？

100V、10A、1000W，這個跟電*有關吧？

100V*10A 1000W

PSE

電器産業股份有限公司

嗯。

那麼，首先從家電產品中所使用的單位開始解說吧！

好呀！

*電：Electricity。

※台灣電壓爲 110V。

各種電的單位

首先從「V（伏特*1）」開始。

V 是表示「電壓」的單位！

V（伏特）＝電壓

電壓？

也就是迫使電力流動的壓力。以水來說，就是「水壓」。

啊……

從某個基準點來看水的高度，就稱爲「水位」，對吧？
然而電也有「電位*2」哦！

電位的單位也是「V」。

原來如此。

*1 伏特：Volt。
*2 電位：Electric Potential。

電壓就是指這兩處間的電位差。

水位差

嘩啦
嘩啦

如同水因為有水位差才流動，電也要有電位差*1才會從高處向低處流動。

$$水位差＝電位差＝電壓$$

而「A（安培*2）」則是表示「電流」的單位。

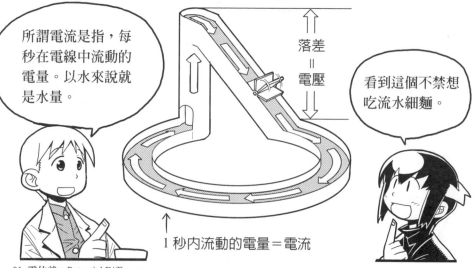

所謂電流是指，每秒在電線中流動的電量。以水來說就是水量。

落差
＝
電壓

看到這個不禁想吃流水細麵。

1 秒內流動的電量＝電流

*1 電位差：Potential Difference。
*2 安培：Amp。

如同利用水流使水車運轉般，電力也是利用電流的流動來執行各種工作哦！

轉
轉

像是讓細麵流動嗎？

別再提細麵了！

那麼 W 是什麼呢？

W

「W（瓦特*）」表示「電力（消耗功率）」。

電在 1 秒內流動的工作量就是電力哦！

哇—

電力是由

電力（W）
＝
電壓（V）×電流（A）

這個式子所求出的。

*1 瓦特：Watt。

將此式稍作變形後，我們也可寫成電流（A）=電力（W）÷電壓（V）。如此一來就能輕易地求出電流大小了。

那這個水壺的電流是……

1000W÷100V=10A 囉！

沒錯。

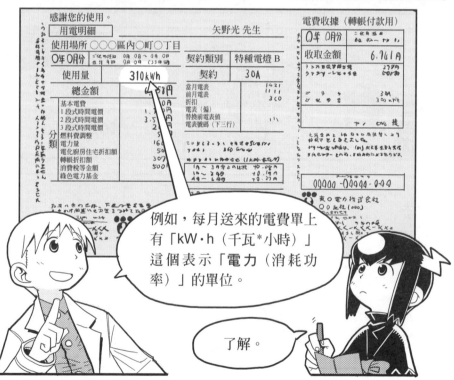

例如，每月送來的電費單上有「kW·h（千瓦*小時）」這個表示「電力（消耗功率）」的單位。

了解。

---

* 千瓦小時：Kilowatt Hour，簡稱 kW·h。

這可以用電力乘以使用時間來求出。

例如，使用 1200W 的產品 2 小時後，將會耗費多少呢？

嗯……
1200×2……

是 2400 嗎？

$$1200W \times 2 \text{ 小時} = 2400W \cdot h = 2.4kW \cdot h$$

沒錯。就是 2400W·h（Watt hour），也就是 2.4kW·h。

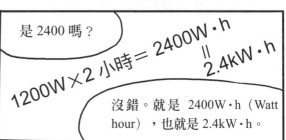

若知道這些就能估算出電器製品所消耗的電費！

若 1kW·h 為 4 元，那總共是 9.6 元囉！

⚡ 在家電中流動的電

若同時使用數種耗電量大的電器就會造成跳電，對吧！

按

嗶

沒錯。

首先，我們要了解為什麼斷路器*1的把手會跳脫，以及該如何防範。

我們來想看看吧！

蹦

了解。

首先來談談電如何流進家中。

啪

好。

發電廠
發電

變電所
改變電壓

電線桿的變壓器*2
轉變為家用的電壓

家庭的配電盤*3
分配電至各個房間

一般家庭所使用的電都是由發電廠產生，接著再透過電線，從變電所及電線桿的變壓器配送至各個家庭。

*1 斷路器：Breaker。
*2 變壓器：Transformer。
*3 配電盤：Distribution Board。

20

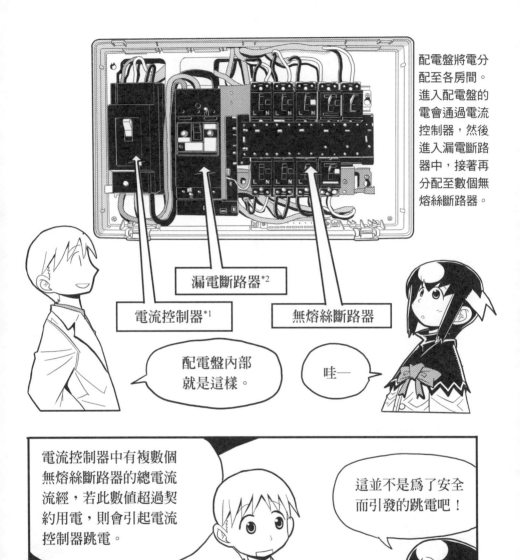

配電盤將電分配至各房間。進入配電盤的電會通過電流控制器，然後進入漏電斷路器中，接著再分配至數個無熔絲斷路器。

漏電斷路器*2

電流控制器*1

無熔絲斷路器

配電盤內部就是這樣。

哇一

電流控制器中有複數個無熔絲斷路器的總電流流經，若此數值超過契約用電，則會引起電流控制器跳電。

我家的契約用電是30A。

這並不是爲了安全而引發的跳電吧！

*1 電流控制器： Current Controller。
*2 漏電斷路器： Earth Leakage Current Breaker，簡稱 ELCB。

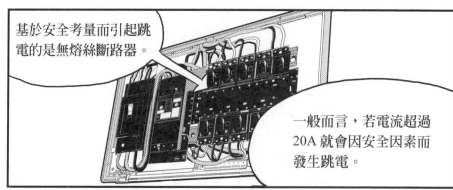

基於安全考量而引起跳電的是無熔絲斷路器。

一般而言，若電流超過20A就會因安全因素而發生跳電。

也就是說，與每個無熔絲斷路器連繫的電器所使用的電，只要總流量不超過20A就沒問題了。

沒錯。
這樣就不會引發無熔絲斷路器跳電。

日本家庭插座的電壓永遠為100V，因此只要將與每個無熔絲斷路器相關的電器的消耗功率，除以100V再加總即可確認。

例如，試著加總熱水瓶和電鍋的電流量……

熱水瓶
7000W ÷ 100V＝7.0A

19.3A

電鍋
1230W ÷ 100V＝12.3A

差一點就超過了……

還好沒有超過20A。

擔心

如果已經超過安全值，請先暫時停止所有電器的使用。

或是將一部分的電器插至與其他無熔絲斷路器連接的插座上即可。

了解！！

另外，還有一些即使斷路器沒跳電也必須注意的重要事項喔！

普通的插座有個名為額定電流的可安全使用電流值。

一般而言是15A。

卡嚓

卡嚓

卡嚓

卡嚓

超過這個數值會怎樣呢？

實際上，即使在同一個插座上，所使用的數種電器的總電流量超過15A也沒關係，只要數值仍在20A以內，則無熔絲斷路器就不會引發斷電，但是……

如果長時間持續使用，插座及插頭會發熱，相當危險！

滋

滋

驚

唉呀！這還算是小 CASE 啦！

請別這樣嚇我啦！

因此，請盡量避免在同一個插座上使用多種較消耗電力的電器吧！

是、是的。

那麼，在幫我充電時請小心。

咦？世之助你這麼耗電呀？

現學現賣一下，只要把我和其他電器插在不同插座上就不會發生危險了！

不是啦！我是擔心電費。

西元前 600 年左右，希臘哲學家泰勒斯發現，只要用布擦拭琥珀的裝飾品，毛絮會被吸過來。

Thales

啊！難道是指

靜電嗎？！

對。

不過當時並不知道靜電。

順道一提，希臘語的琥珀「electron」即為電「electricity」的語源哦！

electron

哇！

由於眼睛看不見電，所以當時只認為這是「可吸引輕巧物品的不可思議力量」。

接著，來探討電的
真面目吧！

⚡ 電的原貌

妳知道事實上所
有的物質都帶電
嗎？

什麼！

所以我和小光老
師也都帶電嗎？

沒錯！我和麗麗子都帶
電。所有的物質都是由
「原子」*1這種超小粒子
所構成的。

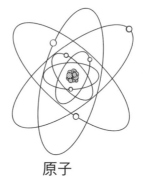

原子

哇—

原子核

原子的中心為「原
子核」*2，其外側環
繞著「電子」*3。

電子

也就是說，電
子的移動＝電
的原貌。

*1 原子：Atom。
*2 原子核：Atomic Nucleus。
*3 電子：Electron。

這個星球也是繞
著太陽轉動的吧！

木星

天王星

金星

太陽

海王星

水星

火星

地球

土星

兩者很
類似。

26

與太陽的原子核相同是由具備正電性質的「**質子***1」及「**中子***2」所構成。

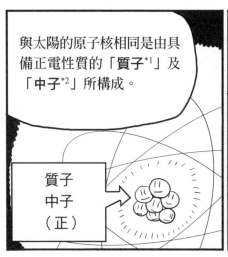

質子
中子
（正）

而環繞其外側的電子則具備負電性質。

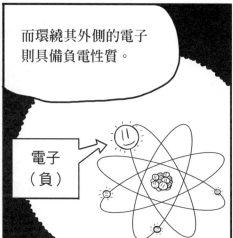

電子
（負）

既然原子中同時具備正和負，那麼原子本身到底是正還是負呢？

？

通常，原子的質子數和電子數是相等的，因此它是中性的！

不過，如果從外部對此原子加入熱和光後，

熱

光

咻

呀！

電子就會離開原子，這種電子就稱為「**自由電子***3」。

*1 質子：Proton。
*2 中子：Neutron。
*3 自由電子：Free Electron。

電子離開原子後會變怎樣呢？

若電子離開原子，則原子的負電就減少，而會變成帶正電。

自由電子

如果電子增加，就會變成帶負電。

熱

光

離開的電子會和其他的原子結合，使其原子的負電增加，因而變成帶負電。

如果電子減少，就會變成帶正電。

原子具備電的性質就稱為「帶電*」。

也就是指因為電子離開，以及接受電子，而使原子帶電的現象！

原來會移動到其他原子裡呀！

*帶電：Electrification。

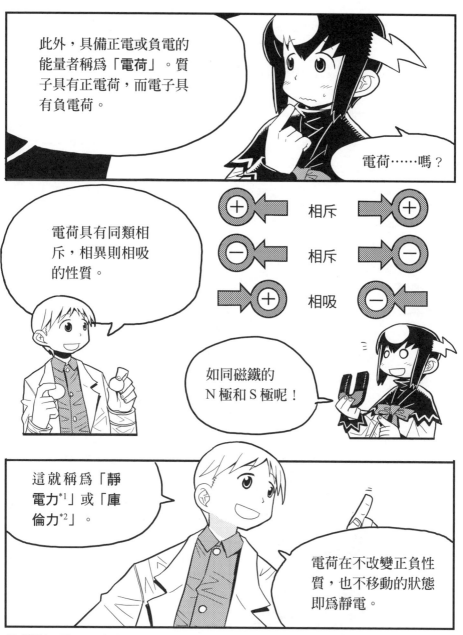

此外，具備正電或負電的能量者稱爲「電荷」。質子具有正電荷，而電子具有負電荷。

電荷……嗎？

電荷具有同類相斥，相異則相吸的性質。

相斥 相斥 相吸

如同磁鐵的N極和S極呢！

這就稱爲「靜電力*1」或「庫倫力*2」。

電荷在不改變正負性質，也不移動的狀態即爲靜電。

*1 靜電力：Electrostatic Force。
*2 庫倫力：Coulomb Force。

放電和電流

物質在電的性質上為中性時，屬於自然狀態。而一旦帶正電或負電的情況發生，電子會移動以恢復為中性。

這是為了要變成自然狀態吧！

另外，物體中如同金屬般易於通電者稱為「導體*1」。

玻璃或橡膠等不易通電者稱為「絕緣體*2」。

介於上述兩者之間者則稱為「半導體*3」。

嗯。

正電和負電間若存在絕緣體，則電子無法移動。

是由於難以通電所致吧！

*1 導體：Conductor。
*2 絕緣體：Insulator。
*3 半導體：Semi-Conductor。

將帶有電荷的物體，以銅線之類的導體連接後，

嗶

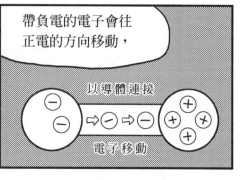

帶負電的電子會往正電的方向移動，

以導體連接

電子移動

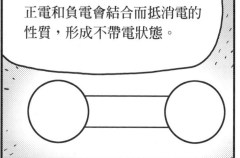

正電和負電會結合而抵消電的性質，形成不帶電狀態。

這種現象就稱為「放電*」。

哇——

放電在空氣中或是真空狀態下也會發生哦！

空氣中也會放電？

*放電：Discharge Electricity。

雷就是個例子哦！雷是經由雲層中的微小冰塊互相摩擦後，產生的靜電朝地面放電的狀態。

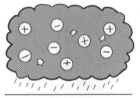

積雨雲中的冰雹或冰塊相互碰撞而產生許多電。

雖然空氣為絕緣體，不太容易放電。

這是相當強烈的放電呢！

在雲層間的放電或朝向地面形成落雷。

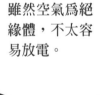

但大量的電荷累積後，正電和負電的電位差……即電壓變得相當大時，

磅

就會一下子破壞空氣的絕緣狀態而放電。

能夠破壞絕緣狀態，真是不得了的力量呀！

是呀！雖然只發生於一瞬間。

⚡ 原子序和電子

原子有許多種類，且各有其編號。

那稱為「原子序*1」。

例如，常用於電線的銅的原子序為 29。

為什麼銅是 29 呢？

原子序和原子所具備的質子數相同。

喔！

既然質子數和電子數相同，那麼，銅帶有 29 個電子囉！

銅的原子核周圍有四個被稱為「電子層*2」的軌道。由內側算起，具有的電子數為 2 個、8 個、18 個、1 個，總共 29 個電子。

原子核

價電子

位於最外側電子層上的電子稱為「價電子*3」。

*1 原子序：Atomic Number。
*2 電子層：Electron Shell。
*3 價電子：Valence Electron。

銅的價電子為 1 個。

拿

價電子受到的原子拘束力最小，因此容易變成自由電子。

以銅來說，由外部加諸熱和光後，其能量會集中於只有 1 個的價電子上。

熱

光

原子核

所以銅的電子容易離開，因此易於通電呀！

正是如此！

原子

原子

原子

原子

原子

原子

銅之類的導體在通電時，電子會由鄰近的電子開始一個接一個地移動。

原來如此。

3.所謂的靜電是？

剛才提過「電荷在改變為正負性質前，不移動的狀態即為靜電」，

那現在我們就來詳談靜電吧！

好！

電邦雖然也有四季，但每到冬天常常會「啪、啪、啪」地觸電，非常討厭呢！

毛衣等

啪

啪

喉呀！

喉呀！

啪

門把等

這就代表靜電充斥於我們生活週遭。那麼妳知道靜電是如何發生，又具備什麼性質嗎？

咦？

嗯～～～這個嘛……

呃呃呃

那麼，先來談談靜電的發生吧！

⚡ 發生於週遭的靜電

說到靜電就不得不拿出這個。

拿

啊！
拿出墊板要作……

要這樣呀！

嘿

咻呀

果然～

只要像這樣將塑膠製的墊板與頭髮摩擦後，頭髮會帶正電，墊板會帶負電。

摩擦
摩擦
摩擦
摩擦
摩擦
摩擦
摩擦
摩擦

了解～～～～

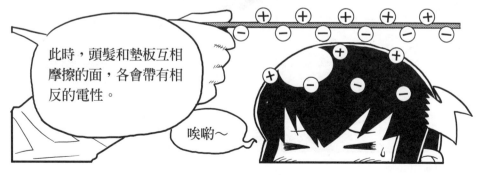

此時，頭髮和墊板互相摩擦的面，各會帶有相反的電性。

唉喲～

吸

唉喲！頭髮都豎起來了啦！

這是由於產生於頭髮的正電和產生於墊板的負電相互吸引所造成的。

這麼一想，感覺好怪……

此時產生的正電量和負電量相等喔！

好

像這樣因為摩擦而產生的靜電也稱為「摩擦電*」。

梳
梳

很普通嘛！

*摩擦電：Triboelectricity。

38

咦？那麼不帶電的物體靠近帶電的物體後，就會變為帶電嗎？

沒錯！這就是所謂的「靜電感應*」現象。

⚡ 靜電和帶電列

由於人都穿著衣服行動，所以身體和衣服容易因摩擦而產生靜電。

一般會被靜電電到的時機大多在冬天吧！

啪

啪

沒錯。

空氣越乾燥就越容易產生靜電。冬天的濕度不是比較低嗎？

是呀！嘴唇也很容易乾裂……

*靜電感應：Electrostatic induction。

40

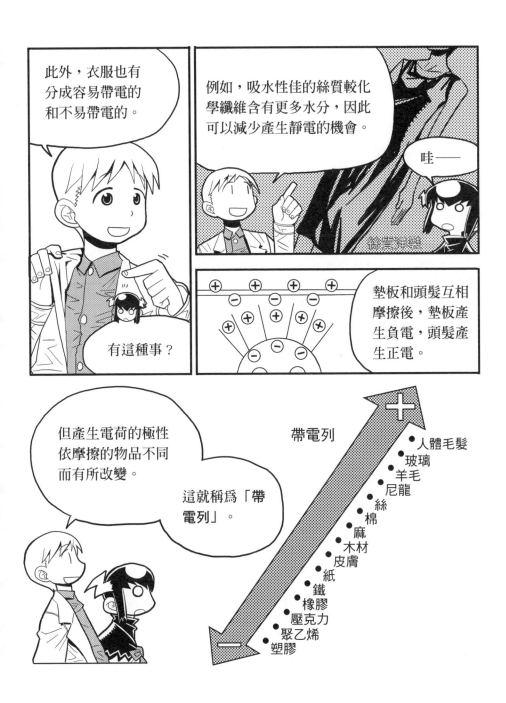

此外，衣服也有分成容易帶電的和不易帶電的。

有這種事？

例如，吸水性佳的絲質較化學纖維含有更多水分，因此可以減少產生靜電的機會。

哇——

墊板和頭髮互相摩擦後，墊板產生負電，頭髮產生正電。

但產生電荷的極性依摩擦的物品不同而有所改變。

這就稱為「帶電列」。

帶電列

+

人體毛髮
玻璃
羊毛
尼龍
絲
棉
麻
木材
皮膚
紙
鐵
橡膠
壓克力
聚乙烯
塑膠

−

例如，頭髮和棉質手帕互相摩擦後，

頭髮會帶正電，而棉質手帕會帶負電。

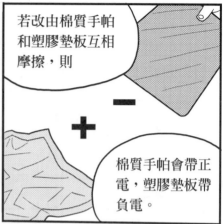

若改由棉質手帕和塑膠墊板互相摩擦，則

棉質手帕會帶正電，塑膠墊板帶負電。

正電、負電並非恆定，而是依摩擦組合來決定。

然而，有時也會依摩擦物表面的狀態不同而影響帶電特性。

人體毛髮
玻璃
羊毛
尼龍
絲
棉
麻
木材
皮膚
紙
鐵
橡膠
壓克力
聚乙烯
塑膠

少　多

基本上，只要記得在帶電列的位置關係上，離得越遠產生的靜電越多，越近則產生的靜電越少。

◆ 靜電的應用

那麼接下來說明靜電的應用。

應用呀！

應用靜電造成的庫倫力的簡易機器就是空氣清淨機。

影印機也是利用靜電運作的哦！

使印刷的部分帶正電，墨水帶負電，如此一來就能隨心所欲地印刷了。

吹！

原來如此，以庫倫力可以吸附微小的灰塵。

此外，藉由同性電荷相斥的性質，而使帶負電的墨水粒子相斥，因而可以乾淨無染地印刷。

追根究柢

⚡家電製品的標示

通常家電製品上會標示著電壓 100V、電流 12A、消耗功率 1200W 等電氣規格。

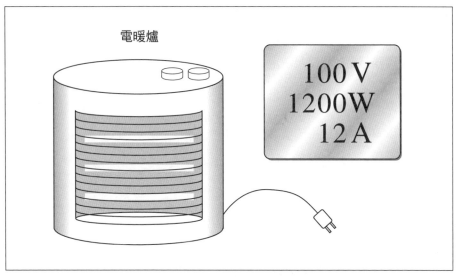

◆圖 1-1　家電製品的標示

電壓指的是使電流動的壓力，符號為 V，單位亦為 V（伏特）。在此，用於表示單位的伏特，即以發明電池的義大利物理學家伏特（Alessandro Volta）之名命名而來。一般日本的家庭使用的電壓為 100V 或 200V。

電流指的是電線中每秒流動的電量，符號為 I，單位為 A（安培）。安培是以法國物理學者安培（Andre Marie Ampere，1775-1836）之名所命名。此外，用於符號的 I 是由 Intensity of electricity（電的強度）的字首而來。

消耗功率為電流於 1 秒內（單位時間）流動所消耗的電能，符號為 P，

單位為 W（瓦特）。瓦特是以發明蒸氣機的英國技工瓦特（James Watt）之名所命名。

消耗功率可以用電壓和電流的乘積來表示。使用 100 伏特的電壓時，電流為 12 安培的製品的消耗功率為 $P = V \times I = 100 \times 12 = 1200$〔W〕。

家庭中以 100 伏特來使用的電器製品非常多，若將這些製品上所標示的消耗功率值除以 100 伏特，即可求得流動於電器製品內的電流值。設若有兩消耗功率相等的電器製品，則以 200 伏特來使用電器時的電流，將等於以 100 伏特來使用電器時的一半。

電器製品的電壓及使用電流的實例

由 $P = V \times I$，可得 $I = \dfrac{P}{V}$

以 100 伏特使用的電器製品　$I = \dfrac{1200〔W〕}{100〔V〕} = 12$〔A〕

……電流為 12 安培

以 200 伏特使用的電器製品　$I = \dfrac{1200〔W〕}{200〔V〕} = 6$〔A〕

……電流為 6 安培

此外，由於流於電線中的電流容許值是固定的，因此使用電壓越高，可使電線越細。

耗電量為某期間內電流流通的總工作量，可以用消耗功率和時間的乘積來表示。例如，使用消耗功率為 1kW 的電熱器 1 小時後，耗電量為 1〔kW〕×1 小時＝1〔kW・h〕（千瓦小時）。另外，時間以秒來表示時的耗電量為消耗功率×秒，單位符號採用 W・s（瓦特秒）。例如，使用 1kW 的電熱器 1 小時的情況，1 小時＝60 分＝3600 秒，因此耗電量為 1〔kW〕×3600 秒＝3600〔kW・s〕。

一般家庭的電費以耗量電（kW・h）乘以單價及基本費加總計算的。電費 1kW・h 約為 4 元，使用消耗功率 1kW 的機器 1 小時後，耗電量為 1kW・h，可知電費約為 4 元。

⚡ 電壓和電位

　　相對於某基準點的電壓稱為電位（Electric Potential），電會由電位高處流向電位低處。此外，電壓可以 2 點間的電位差來表示。例如，一個三號乾電池的各極電位，若以負極為基準點，則負極的電位為 0 伏特，正極的電位為 1.5 伏特。正極和負極的電位差就是此乾電池的電源電壓。

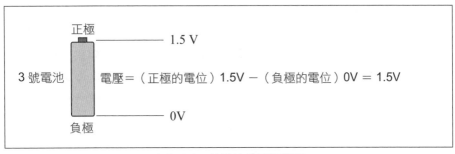

◆圖 1-2　乾電池的電源電壓

　　如同下圖 1-3，將兩個乾電池重疊，並設 b 點為基準點，則 a 點的電位為 1.5 伏特，b 點的電位為 0 伏特，c 點的電位為 −1.5 伏特，則 a-c 間的電壓可由（a 點的電位）−（c 點的電位）求得。此外，若以 c 點為基準點，則 c 點的電位為 0 伏特，b 點的電位為 1.5 伏特，a 點的電位為 3 伏特。

　　電壓越大，也就是電位差越大，則使電流動的壓力就越大。

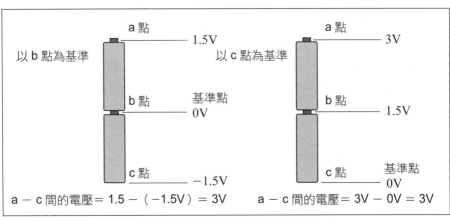

◆圖 1-3　重疊兩個乾電池的電源電壓

◆電子和電荷

　　所有的物質都是由原子所形成。原子由原子核及電子所構成，而原子核由質子和中子所構成。由於質子帶正電，而中子爲電中性，因此原子核本身帶正電。另一方面，電子帶負電。

　　通常，原子中質子所具備的電量和電子所具備的電量相等，因此由外看來原子本身爲電中性。

　　質子及電子所具備的電的性質稱爲「**電荷**」，而其電的性質大小稱爲「**電荷量**」。電荷量的符號爲Q、單位以C（庫倫）表示。庫倫是以法國的電學家庫倫*之名所命名。此外，1個電子所具備的電荷量爲自然界中存在的最小電荷量。

電子　　電子的電荷量　$e=1.602×10^{-19}$〔C〕

◆圖 1-4　存在於自然界的最小電荷量

　　電子繞著原子核周圍的軌道運轉。離原子核最遠的電子由於受到來自原子核的引力較弱，因此一旦由外部施加熱或光等能源，便有可能離開軌道。由於離開軌道後的電子可在原子之間自由移動，因此稱爲「**自由電子**」。銅之類的導電物質中存在許多自由電子，因此施加電壓後，自由電子便會往某一方向流動。這就是電流動於電線內的狀況。

---

*　庫倫：查爾斯・奧古斯丁・庫倫（Charles Augustin Coulomb，1736-1806），法國人。1785 年發表：利用扭擺實驗得出所謂庫倫定律，即靜電之間相吸或相斥力的的反平方律，還確定磁極間的反平律。

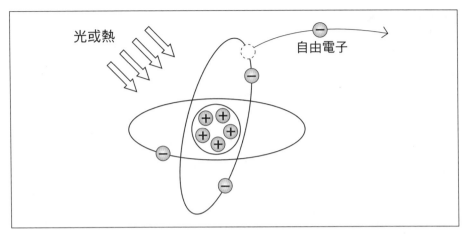

◆圖 1-5　電子的游離

　　原子所具備的電子數和原子序相同。許多原子具備大量電子，然而這並不代表這些物質必爲易通電物質，而是如金屬等自由電子多的物質才會易於通電。

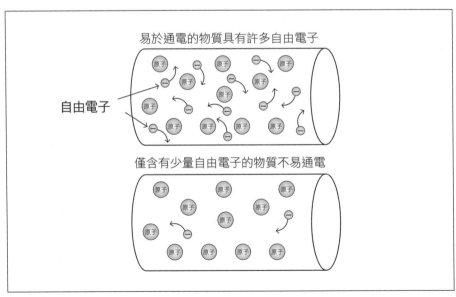

◆圖 1-6　易於通電的物質和自由電子

✈靜電和帶電

兩種相異的物質互相摩擦後，原子會互相碰撞，而產生由一方的原子釋放出易於游離的電子，移動至另一方的原子的狀況。此時，電子減少的物質在電的性質上變為正，而電子增加的物質在電的性質上變為負。諸如此類，物質帶有電，稱為「**帶電**」，由於帶電的電在物質上呈靜止狀態，因此稱為「**靜電**」。因帶電而產生的正電荷量和產生的負電荷量勢必相等。由於靜電是因摩擦而產生，因此也稱為「**摩擦電**」。

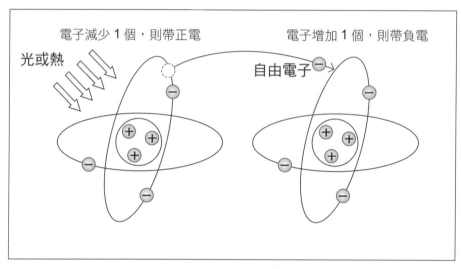

電子減少 1 個，則帶正電　　　　　　電子增加 1 個，則帶負電

光或熱

自由電子

◆圖 1-7　電子的移動和帶電

✈靜電力（靜電引力‧庫倫力）

2 個電荷間有**靜電力（靜電引力‧庫倫力）**在運作著。若靜電力為同類電荷，則會相斥，若是相異電荷，則會相吸。在電荷 Q_1〔C〕、Q_2〔C〕之間運作的靜電力 F 的大小，和 Q_1、Q_2 的乘積成正比，和電荷間的距離 r〔m〕的平方成反比。此稱為靜電的庫倫定律。

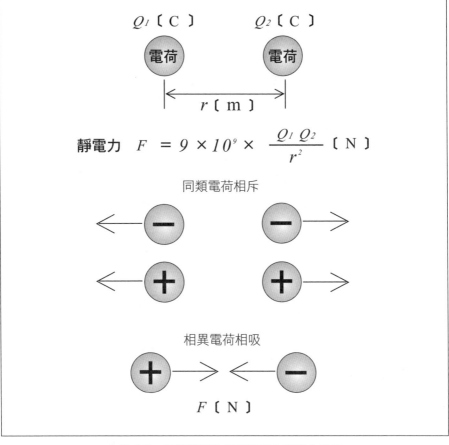

◆圖1-8 於電荷間作用的靜電力和庫侖定律

　　頭髮和塑膠墊板互相摩擦產生靜電後，頭髮帶正電，墊板帶負電，且因靜電力的作用，使頭髮被墊板吸附。

　　此外，若將帶負電的墊板靠近不帶電的頭髮，則頭髮會帶正電而受墊板吸附。如此，因靠近帶電的物體而使原先不帶電的物體變為帶電的現象，稱為「靜電感應」。

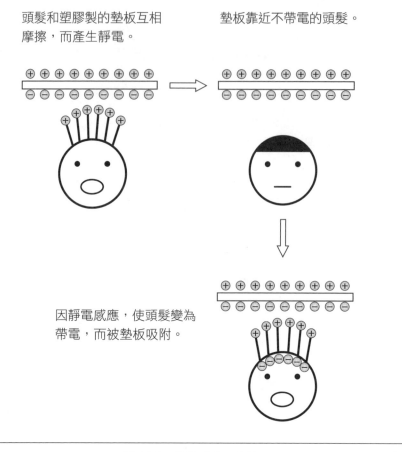

頭髮和塑膠製的墊板互相摩擦，而產生靜電。

墊板靠近不帶電的頭髮。

因靜電感應，使頭髮變為帶電，而被墊板吸附。

◆圖 1-9　靜電感應示意圖

⟳ 靜電和帶電列

空氣越乾燥越容易產生靜電。此外，衣物中有較易帶電者，也有較不易帶電者。由於吸水性佳的絲比化學纖維含較多水分，因此可減少靜電發生的機會。

因摩擦而產生的電荷的正負極性，依摩擦對象的不同而改變，將此關係加以表示者稱為「帶電列」。例如，若頭髮和棉摩擦時，則頭髮會帶正電，棉帶負電；但若棉和塑膠摩擦，則棉會帶正電，塑膠帶負電。因此，依摩擦物體表面狀態不同，帶電特性也有可能改變。

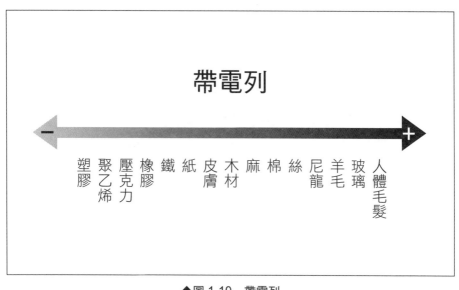

◆圖 1-10　帶電列

帶電列上的位置關係越遠，越容易發生靜電，反之，越近則越不易發生靜電。換句話說，若穿著在帶電列上和皮膚的位置接近的材質所製成的服裝，則可抑制靜電的產生。

🖜 電荷的移動及電流的方向

夏天經常發生的雷也是靜電的產物。雷是由雲中冰雹或冰塊互相摩擦產生靜電，而朝向地面或雲之間放電的現象。由於正電荷和負電荷之間具有電不易流通的絕緣體——空氣，因此雷不會輕易放電。

但是，當蓄積大量電荷，使正電荷和負電荷的電位差變得非常大時，會瞬間破壞空氣的絕緣狀態而放電。放電為電荷連續移動的現象，因此稱為「電流」。

從前對電的一切尚一無所知的時代，人們以為電是由正向負流動。隨後，人們才發現電原來是電子，且其移動方向為由負至正。因此可知，電子移動的方向和電流的流向是相反的。

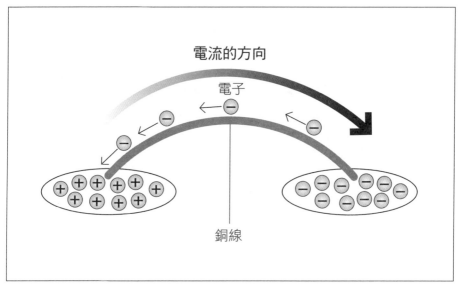

◆圖 1-11　電流的方向和電子的移動方向

以某剖面積 1 秒間通過的電量來表示電流的大小。

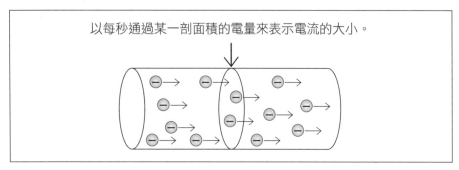

以每秒通過某一剖面積的電量來表示電流的大小。

◆圖 1-12　電流的大小

　　例如，每秒通過某一剖面積 1C 的電荷時，電流 I 可由電荷 Q 除以時間來求得。如下式，

電流 $I = \dfrac{Q}{t} = 1〔C〕÷ 1 秒 = 1〔A〕$

　　此外，若將 1C 除以 1 個電子的電荷量，則可求出在 1A 中流動的電子數。

$1C ÷ 1.602 × 10^{-19}C = 6.24 × 10^{18}$ 個

　　即，1A 的電流流動時，每秒有 $6.24 × 10^{18}$ 個電子在流動。電子移動的速度非常慢，為每秒移動低於 1cm。然而，電子傳達至相鄰電子的速度與光速相同為每秒 30 萬 km。因此，電流以和光速相當的速度在每秒 30km 流動。

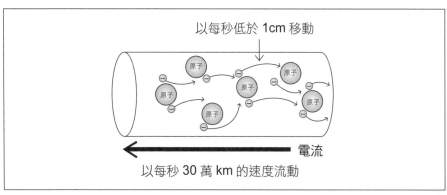

以每秒低於 1cm 移動

電流

以每秒 30 萬 km 的速度流動

◆圖 1-13　電子的速度和電流的速度

我們雖然看不見電，但一旦電流流動，就會產生熱或光。因此我們看到電流發生的現象，便可知道電的存在。

⊘SI 詞頭

我們可將 1000W 表示為 1kW。這是由於 k 表示 1000 或是 10^3。這類標記是依據名為國際單位制（SI 單位）的國際認同單位規則所訂定，以 SI 詞頭表示 10 的整次方。

詞頭	名稱	量
T	TERA	$10^{12} = 1000\ 000\ 000\ 000$
G	GIGA	$10^9\ = 1000\ 000\ 000$
M	MEGA	$10^6\ = 1000\ 000$
k	KILO	$10^3\ = 1000$
m	MILI	$10^{-3} = 0.001$
μ	MICRO	$10^{-6} = 0.000\ 001$
n	NANO	$10^{-9} = 0.000\ 000\ 001$
p	PICO	$10^{-12} = 0.000\ 000\ 000\ 001$

◆表 1-1　與電相關的 SI 詞頭

第2章
電路是什麼？

謝謝你送我衣服。

沒什麼啦！因為我覺得沒事穿那麼特別，有點……

許多來到這裡生活的電邦人還是過著跟以前一樣的生活呀！

是喔?!

有很特別嗎？

是呀！你看！原宿就聚集了很多……

……

我回來了！

奇怪，電燈怎麼不會亮？

對，是有點怪怪的。

唉呀！

平時看似善良的小光老師，一旦和年紀相近的女子在同一個屋簷下，他也是有可能變身成色狼的……

麗麗子？

嚇一跳

什、什麼……

呀———啊啊！！！！

啪噠

蹦蹦

咚

哇！對不起啦！
麗麗子，好痛好痛……

唉喲！你幹嘛拿剛買
的手電筒玩呢？！

啪

哈哈……
對不起啦！

雖然只是支手電筒，但
其實是具備最基本「電
路*」的電器哦！

電路？

所謂的電路指
的是電的通
路，也可稱為
「迴路」。

喔！

*電路：Electric Circuit。

60

⚡ 手電筒與電路

手電筒的內部構造大概是這樣。

構造非常簡單呢！

手電筒由乾電池、電燈泡和開關等電氣零件所組成。

開關

電燈泡

乾電池

哇—

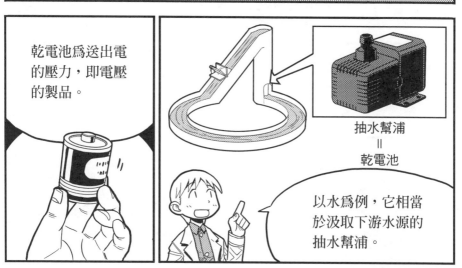

乾電池為送出電的壓力，即電壓的製品。

抽水幫浦
＝
乾電池

以水為例，它相當於汲取下游水源的抽水幫浦。

就像抽水後使水運轉，乾電池也是讓電運轉吧！

拔開

沒錯，

在電路中就稱爲「電源」。

電燈泡是因電流流動而發光的零件。

以水爲例，這就相當於以水流來轉動的水車。

卡啦

卡啦

原來如此。

* 接點：Contact。

開關「接點」*是使電流動及停止的零件。

接點是以金屬相互接觸使得電流通。

ON

OFF

這很容易想像出來。

打開開關後，電流會由乾電池的正極流出，通過電燈泡及開關後，再回到負極。

接點

開關

電流

電源

電流

負載

電流通過的路徑就稱爲電路，而且必須爲閉鎖形式（閉電路）。

⚡構成電路的要素

電源所具備的電壓稱爲「電源電壓」或是「啓動力」。

負責將電流流動產生的電能轉變爲光能或熱能者，稱爲「**負載**[1]」。

那麼以手電筒來看，電燈泡即爲負載吧！

負載

沒錯。

此外，負載具有妨礙電流流通的性質，因此被稱爲「**電阻**[2]」或「**阻抗**[3]」。

[1] 負載：Load。
[2] 電阻：Electric Resistance。
[3] 阻抗：Impedance。

* 歐姆：Ohm，其命名是來自於德國的物理學家格奧爾格·歐姆（Georg Simon Ohm，1789—1854），
他發現了電流和電壓與電阻之間的關係。

這種流向和流量大小固定的電稱為「直流」，直流電流所流通的迴路就稱為「直流迴路」。

直流

乾電池是送出直流電吧！

沒錯，而這類的電源就稱為「直流電源」。

插座的電源不是直流的吧？

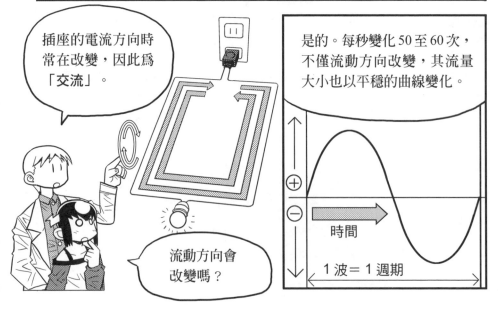

插座的電流方向時常在改變，因此為「交流」。

是的。每秒變化 50 至 60 次，不僅流動方向改變，其流量大小也以平穩的曲線變化。

流動方向會改變嗎？

時間

1 波 = 1 週期

※ 台灣使用的頻率為 60Hz。

順道一提，觸電時，若為交流電則會感到麻痺，

哇啊……

麻

麻

這是由於電流的大小和方向改變所造成的。

若為直流電，則會感到如針札般地疼痛。

啪

喉呀！

哇～原來直流電和交流電觸電的感覺不同呀！真有趣—

妳何不親自嘗試看看？麗麗子殿下。

伸

啪

試試看敝人的電棒是直流還是交流呢？

啊……小光老師您先請吧！

喂！

啊！

滋

滋

2.歐姆定律和電氣零件的接續法

如同水壓越高水勢越強，水車運轉更快速一般，

電壓越高，則電流流量越大，可執行更重大的工作。

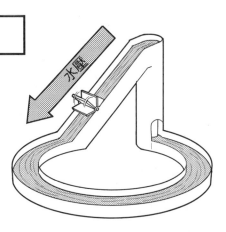

若這座水車很大，則會抑制水的流動，因此每秒流動的水量會減少，對吧？

滋

是呀！

唏

就如同水車一般，若電阻越大，則會減少電流的流量。

電流（大）　電阻（小）

電流（小）　電阻（大）

原來如此～

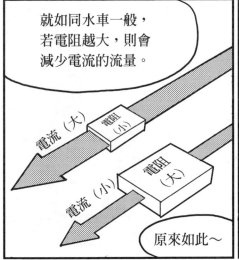

電是依循某個定律來流動的哦！

什麼定律呢？

*歐姆定律：Ohm's Law。

⚡ 串聯接續和
　　並聯接續

電路的接續方式大致
分爲兩種。

哪兩種呢？

第一種是將兩個
電阻直線接續的
「串聯接續*1」，

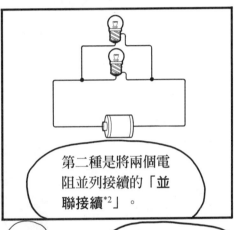

第二種是將兩個電
阻並列接續的「並
聯接續*2」。

兩者間有什麼
差別呢？

電流的流動方式及
電壓的施加方式不同。

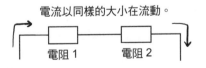

串聯接續	並聯接續
電流以同樣的大小在流動。	分流　　合流
	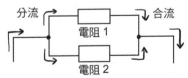
電阻1　　電阻2	電阻1 電阻2
電源的電流＝電阻1的電流＝電阻2的電流 電源的電壓＝電阻1的電壓＋電阻2的電壓	電源的電流＝電阻1的電流＋電流2的電流 電源的電壓＝電阻1的電壓＝電阻2的電壓

*1 串聯接續：Series Connection。
*2 並聯接續：Parallel Connection。

迴路中有數個電阻時，可加總為1個「總電阻」。

原來可以將2個電阻視為1個電阻呀！

串聯接續的總電阻為2個電阻值的和，

總電阻＝$R_1 + R_2$

R_1 ＋ R_2

只要簡單加總即可求出。

那麼並聯接續呢？

並聯接續的總電阻的計算稍微複雜一點。

必須以這樣的方式求出。

$$\frac{1}{\text{各電阻的倒數和}}$$

倒數和？

若以具體式子表示，則

$$總電阻 = \frac{1}{\left(\dfrac{1}{R_1} + \dfrac{1}{R_2}\right)} = \frac{R_1 \times R_2}{R_1 + R_2}$$

也就是〔各分電阻倒數和之倒數〕。

嗯～確實變複雜的。

暫且先有個概念就好了。

摸

是─

將兩個一樣的電燈泡串聯接續後，電阻就會變為2倍。

R_1 ＋ R_2

若想與僅接續1個電燈泡時一樣明亮，則必須要有兩倍的電源電壓。

卡

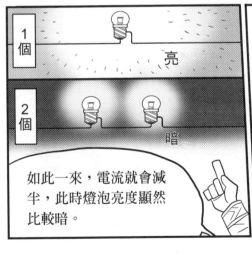

1個

亮

2個

暗

如此一來，電流就會減半，此時燈泡亮度顯然比較暗。

將此並聯接續後，於各個電燈泡施加相等的電壓，使等量的電流流通，明亮度雖然不變，但總電流加倍。

即使分流，流於每個電燈泡的電流量仍相同

也就是需要有 2 倍電流流動的電源。

特徵都不同呢！

家庭的電器製品中也有電阻的運作，而它們和斷路器的 100V 電源是以並聯接續的。

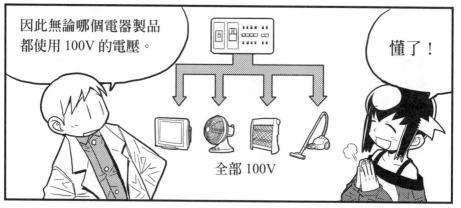

因此無論哪個電器製品都使用 100V 的電壓。

懂了！

全部 100V

✐電路和電流

構成手電筒的電氣零件有乾電池、電燈泡及開關。乾電池具有送電的能力,一般稱此為「電源」。電燈泡為電流流通而產生光的零件。開關則是依接點的開閉而使電流通或停止的零件。

打開開關後,電流會由乾電池的正極流出,經由電燈泡、開關,再回到負極。像這樣電流流通的路徑,就稱為「電路」,而且必須為閉鎖的形態(閉電路)。

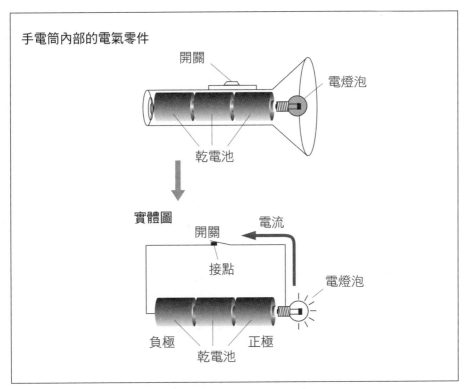

◆圖 2-1 手電筒的電路

➋電路和 JIS 圖示符號

電路由電源電壓、電流及電阻這三個要素所構成。而這些要素是以電線接續的。

執行送電功能的電源電壓也可稱為**啟電力**。例如，電燈泡等負責將電流流動產生的電能轉換為光能或熱能的稱為「**負載**」。由於負載會妨礙電流的流動，又稱為**電阻**，或是單純地稱為阻抗。電阻的符號為 R（Resistance），而單位為 Ω（**歐姆**）。歐姆為以德國物理學家歐姆之名所命名而來。

由於描繪電路時，繪製實體圖相當費工。因此，一般都採用 JIS（日本工業規格：Japan Industrial Standard）所訂定的**圖示符號**來繪製。只要使用 JIS 圖示符號，則任何人都可以輕易理解他人所繪製的電路圖。

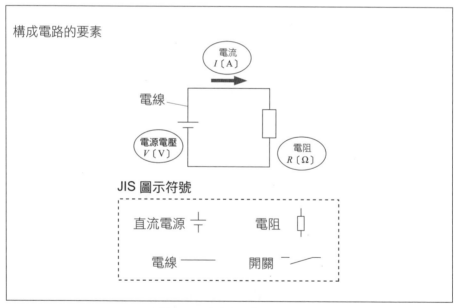

◆圖 2-2　電路和 JIS 圖示符號

利用電阻的機器有電暖爐、烤麵包機等。用於這些機器的電熱器，便是藉由電流流過電阻，使電能轉換為熱能的零件。此外，由於用於配線的電線也具有微小電阻，因此電流流經後會發熱。

⚡直流迴路和交流迴路

　　以乾電池爲電源的迴路的電流方向永遠相同，大小也固定。這類流動方向和大小固定的電稱爲**直流**（DC：Direct Current），直流的電流迴路稱爲**直流迴路**[*1]。此外，乾電池這類送出直流電的電源就稱爲直流電源。1號乾電池或3號乾電池都是具有直流1.5V電源電壓的製品。

　　另一方面，由電力公司送至家庭的電，其流向及大小均呈週期性的變化。這類的電就稱爲**交流**（AC：Alternation Current），交流的電流迴路稱爲**交流迴路**[*2]。

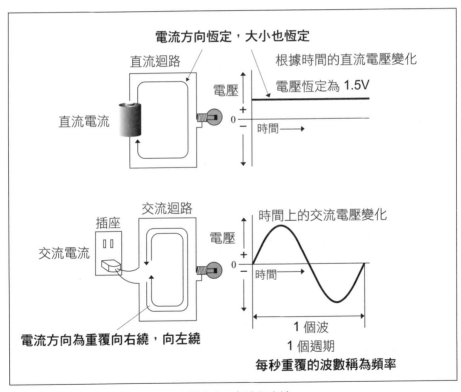

◆圖2-3　直流和交流

---

*1 直流迴路：Direct Current Circuit。
*2 交流迴路：Alternating Current Circuit。

這種電的流向每秒變動 50 至 60 次，其大小也隨時間做週期性的變化。而每秒所重覆的波數稱爲**頻率**，符號爲 f（Frequency），單位爲 Hz（**赫茲**）。

某瞬間的交流電壓大小稱爲**瞬時值**，而瞬時值中最大者稱爲**最大值**。此外，和直流電壓作用大小相同的交流電壓大小稱爲**實效值**。送到家庭中插座的交流電壓，一般爲 100V，這就是實效值。另外，最大值約爲 141V。

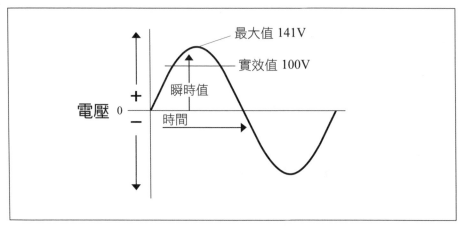

◆圖 2-4　交流電壓的值

❷ 電路和歐姆定律

電流和電壓成正比，和電阻成反比。這就稱爲**歐姆定律**，可以 $I = \dfrac{V}{R}$ 這個式子來表示。歐姆定律爲電路中最重要且最基本的概念。

例如，對 100Ω 的電阻施加 100V 的電壓後，電流會成爲 $I = \dfrac{V}{R} = \dfrac{100}{100}$，即爲 1A。像這樣，使用歐姆定律的公式，只要知道電流、電壓、電阻中其中兩者的值，便可計算出第三者的值。

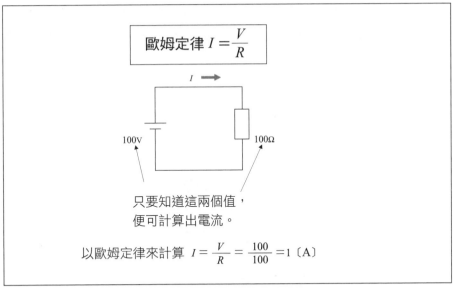

$$歐姆定律 \; I = \frac{V}{R}$$

$I \longrightarrow$

100V

100Ω

只要知道這兩個值，
便可計算出電流。

以歐姆定律來計算 $\quad I = \dfrac{V}{R} = \dfrac{100}{100} = 1 \; 〔A〕$

◆圖 2-5　歐姆定律

❼ 電阻和電阻率

　　電線為使電流通的材料。然而，電線也具有些微的電阻。若電流較安全電流大，則電線便會發熱。

　　長度為 L〔m〕、剖面積為 A〔m^2〕的導體的電阻可以用 $R = \rho \times L \diagup A$〔$\Omega$〕來表示。$\rho$（Rho）為**電阻率**＊，為導體固有的電阻值。電阻率的單位可以 $\Omega \cdot m$ 表示。由此式可得知，若物體的材質同樣，則電阻的大小和長度成正比，和剖面積成反比。

金	2.22×10^{-8}
銀	1.59×10^{-8}
銅	1.69×10^{-8}
鋁	2.27×10^{-8}
鎳鉻合金	107.5×10^{-8}

◆表 2-1　室溫 20℃下，金屬的電阻率〔$\Omega \cdot m$〕

＊電阻率：Resistivity。

電阻率爲電流受阻的程度，相對地，電流容易流動的程度稱爲導電率。導電率以電阻率的倒數表示，以S/m（Siemens/meter，每公尺之西門數）爲其單位。

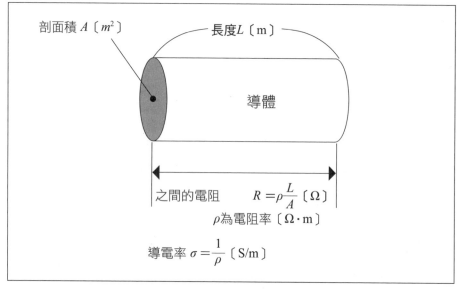

剖面積 A〔m^2〕　　長度L〔m〕

導體

之間的電阻　　$R = \rho \dfrac{L}{A}$〔Ω〕

ρ爲電阻率〔Ω·m〕

導電率 $\sigma = \dfrac{1}{\rho}$〔S/m〕

◆圖 2-6　電阻率和導電率

總電阻

電氣零件的基本接續方法大致上可分爲兩種。我們以電阻來看看這兩種的區別。

以直線狀接續電阻的方法稱爲**串聯接續**。此時，將多個電阻視爲 1 個電阻時的電阻值，稱爲**總電阻**（Synthesized Resistance），只要將所有電阻值加總便可求出此值。

總電阻 $R_0 = R_1 + R_2 + \cdots + R_n$〔Ω〕

在此接續的情況下，在各電阻間流通的電流大小相等。此外，電源電壓被各個電阻所**分壓**。

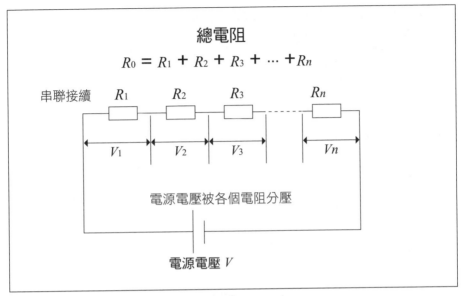

總電阻

$$R_0 = R_1 + R_2 + R_3 + \cdots + R_n$$

串聯接續　　R_1　　　R_2　　　R_3　　　　　R_n

V_1　　V_2　　V_3　　　　　V_n

電源電壓被各個電阻分壓

電源電壓 V

◆圖 2-7　串聯接續和總電阻

　　在電源上以串聯的方式接續兩個等大小的電燈泡後，由於總電阻變成兩倍，因此電流變成 1 半，此時，電燈泡比僅接續 1 個時，亮度會變暗。而且，各電燈泡兩端的電壓為電源電壓的一半。

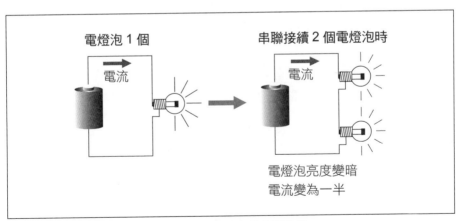

電燈泡 1 個　　　　　　　　串聯接續 2 個電燈泡時

電流　　　　　　　　　　　　電流

電燈泡亮度變暗
電流變為一半

◆圖 2-8　電燈泡的串聯接續

接著，我們將電阻以並排接續的方法稱為**並聯接續**。此時，總電阻的值可以用 $\dfrac{1}{\text{各電阻的倒數和}}$ 來求出。

$$\text{總電阻 } R_0 = \frac{1}{\dfrac{1}{R_0} + \dfrac{1}{R_2} + \cdots + \dfrac{1}{R_n}} \ (\Omega)$$

當電阻以 2 個並聯接續時的總電阻可以用

$$\text{總電阻} = \frac{R_1 \times R_2}{R_1 + R_2} \ \langle\text{各分電阻倒數和之倒數}\rangle$$

來求出。

並聯接續時，施加於各電阻的電壓相等。此外，電流會分流至各電阻。

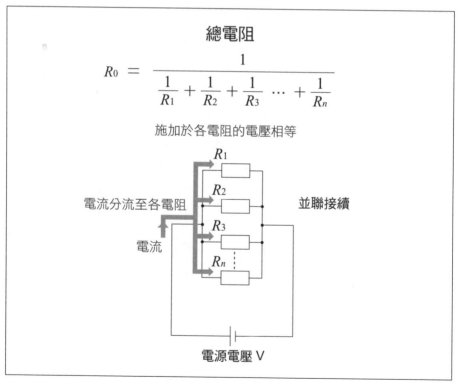

◆圖 2-9 並聯接續及總電阻

於電源並聯接續兩個一樣大的電燈泡時，電燈泡亮度和僅接續 1 個時相等。此外，因為各電燈泡中所流通的電流相等，因此總電流變成 2 倍。

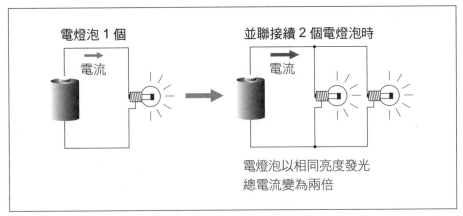

◆圖 2-10　電燈泡的並聯接續

　　我們在家庭中使用的 100V 的電器製品，便是和 100V 的電源以並聯接續的方式使用的。隨著所使用電器製品的數量增加，總電流也會增加。

第**3**章
一窺電的運作

1.電如何產生熱？

如何？

學習還順利吧？

非常順利。

我和小光老師也處得很好喔！

那裡的學習進度果然比較適合現在的妳呢！

是呀！我要在這邊努力複習基礎課程，再回電邦挽回我的名譽。

瞪

挽回呀……

妳有做過什麼值得誇耀的事嗎？

騷動　　騷動

哇！妳太嚴格了……

這裡就是我的專題研究室。

這裡遠比小光老師家乾淨。

那是因為這裡不是我個人的研究室嘛!

對了。
這是給你的便當。

在外面講電話的人雖然不少,但是和玩偶說話還是有點……

因為是玩偶長得不夠好嗎?

總之妳難得來這裡一趟,要不要稍微學點東西呢?

那當然!

謝謝……今後請在家裡通訊喔!

啪

88

⚡ 電和焦耳熱

……哇，
這、這是什麼？

摩門秋！
是電邦的家常菜喔！

我覺得習慣吃這種料理的自己真可怕……

卡滋

對了。
食物經常用卡路里來表示單位吧！

卡路里（cal）就是指熱量，也就是釋放出多少熱的單位。

哇~

如同食物被消化後所釋出的熱量，

電也是因為流於電阻而產生熱。

熱

電阻

*焦耳熱：Joule Heating。

⚡ 電流為何會產生熱？

？

但是，電為何會產生熱呢？

那是因為構成物質的原子經常在振動所致，

原子　原子

原子

這就稱為「熱振動*1」。

原子會搖動呀！

晃　晃

原子

熱振動的大小即溫度的大小，熱振動所具備的能量就是熱的真實面貌。

哇！那如果沒有發生熱振動，溫度就會消失嗎？

按

原子

沒錯！此時的溫度就稱為「絕對零度*2」，相當於攝氏 −273.15℃。

用香蕉

敲釘子

鏗

鏗

哇！似乎非常冷耶！

*1 熱振動：Thermal Vibration。
*2 絕對零度：Absolute Zero，即絕對溫標的開始，是溫度的極限，相當於攝氏−273.15℃，當達到絕對零度時，所有原子和分子的熱量運動都會停止。

之前曾提過，負載具有妨礙電流流動的電阻性質，對吧？

（請參見第 63 頁）

嗯。

其實那是由原子振動所造成的。

原來如此！原子一旦振動，電子就會變得難以移動。

常用來作為電線材料的銅線也有電阻，且即使在常溫下還是會有些許電阻。

嗯。

若使銅線的溫度下降至絕對零度，則銅的原子會變為靜止狀態，電子就不會和銅的原子發生碰撞，而得以順暢地流動。

此現象就稱為「超傳導現象*」。

超傳導

哇！聽起來好酷！！

*超傳導現象：Superconductivity Phenomenon，也稱為超電導現象。

常溫下，電流流於銅線時，電子會和銅原子激烈地碰撞，使振動急劇地變大，於是產生熱。

熱振動會變大吧！

此外，由於原子的振動變大，導致電子無法順暢地移動，因此電阻也會增加。

原來如此。

原子

原子

電子和原子碰撞，造成振動變大，使電阻增加。

一般而言，金屬在溫度上升後，電阻會變大，

溫度（高）＝電阻（大）

溫度（低）＝電阻（小）

溫度下降時，電阻也會變小。

請想像妳在電車車廂中移動的狀況。

電車嗎？

在車廂內移動時，如果周圍的人靜止不動，妳就能順暢地移動。

但若周圍的人都在動，就會撞到別人，而無法輕易移動了吧？

自己是電子，周圍的人是原子，對吧！

咚

雖然身旁的人都在移動，但若強行通過的話，便會碰撞到很多人，而周圍的人的動作也會因此變大。

⚡ 由熱轉為光

電流經電阻，溫度就會上升而會發熱。

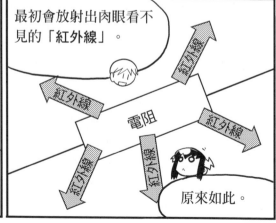

最初會放射出肉眼看不見的「紅外線」。

紅外線

電阻

原來如此。

紅外線也稱為「熱線」（Heat Rays），為具有熱能的「電磁波」之一。

電暖爐

電磁波有很多種類嗎？

是的，依波長不同可以下列方式分類。

眼睛可見的可見光也會依波長不同，顏色也隨之改變呀……

←── 短　　波長　　長 ──→

宇宙射線[*1]	γ射線	X射線	紫外線	可見光[*2]	紅外線	微波	UHF波	VHF波	短中波	長波

紫 ────────── 紅
可見光的顏色

紅外線
紅外線
紅外線

物質會放射出紅外線。

明亮

好刺眼！

若溫度再上升後，則會放射出可見光。

*1 宇宙射線：Cosmic Rays，宇宙射線是帶有高能量的粒子，從遙遠的地方穿過本銀河而來到地球，沒有人確實知道它們來自何方。

*2 可見光：Visible Light，通常指波長從 780nm 到 390nm 的電磁波。

像這樣物質溫度上升，熱能以電磁波的形式被放射出來的現象，就稱爲「溫度輻射*1」，目前被應用在白熾燈泡等的發光原理。

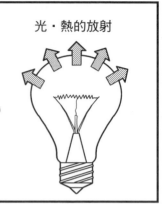

光・熱的放射

這麼說來，靠近白熾燈泡時，確實相當燙呢！

明亮——

溫度輻射在低溫時會釋出紅光，溫度上升後，則會變成偏藍白色的光。

檯燈也是點亮後會變溫暖。

其實溫度輻射所造成的發光幾乎都會轉換爲熱能，所以做爲光來利用，其效率較差。

是這樣呀！

啪

溫度輻射以外的發光稱爲「冷光*2」，目前用於日光燈的發光等。

了解

*1 溫度輻射：Temperature Radiation。

*2 冷光：Luminescence，它是一種電能轉換爲光能的現象，但是在轉換過程中不會發熱，所以一般稱爲「冷光」。

它因熱造成的能量損失較少，所以效率佳。

?

日光燈又是如何發亮的呢？

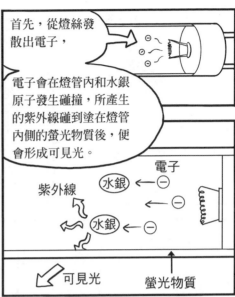

首先，從燈絲發散出電子，

電子會在燈管內和水銀原子發生碰撞，所產生的紫外線碰到塗在燈管內側的螢光物質後，便會形成可見光。

電子
水銀 ← ⊖
紫外線
⊖
水銀 ← ⊖

可見光　　　螢光物質

由於日光燈的發光效率佳，以相同的耗電量，可發出比白熾燈泡多出4倍以上的光！

竟然差了4倍之多呀！

那麼全都用日光燈就好啦！

別那麼極端嘛……

這樣妳應該了解發光現象分別爲溫度輻射，

以及冷光了吧！

是的！

2.電流和磁力線的運作

這次用這個來解說吧!

這是磁鐵吧?

沒錯。

電和磁具有密不可分的關係喔!

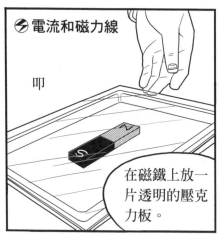

⚡ 電流和磁力線

叩

在磁鐵上放一片透明的壓克力板。

在上面灑滿鐵砂後……

沙沙

沙沙

喔!

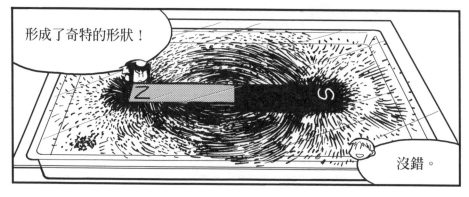

形成了奇特的形狀!

沒錯。

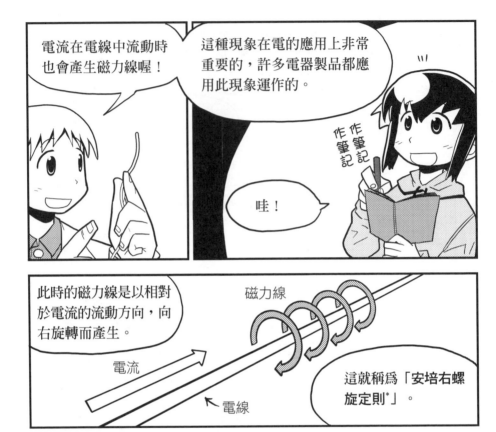

*安培右螺旋定則：Ampere Right-Handed Screw Rule。

⚡ 佛來明左手定則

麗麗子，妳知道這個嗎？

小光老師！那簡單，我知道啊！

咚

剪刀、石頭、布都包含了，所以猜拳必勝，對吧？

布　　剪刀

石頭

不！我不是說狡猾的猜拳手勢……

將導體置於磁力線中，讓電流流通後，導體中的力會依據「佛來明左手定則*」運作。

左手嗎？

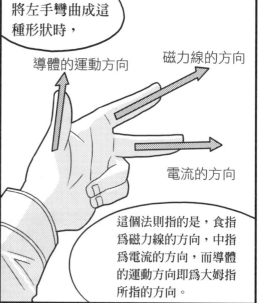

將左手彎曲成這種形狀時，

導體的運動方向　　磁力線的方向

電流的方向

這個法則指的是，食指為磁力線的方向，中指為電流的方向，而導體的運動方向即為大姆指所指的方向。

*佛來明左手定則：Fleming's Left Hand Rule，又稱為電動機定則。

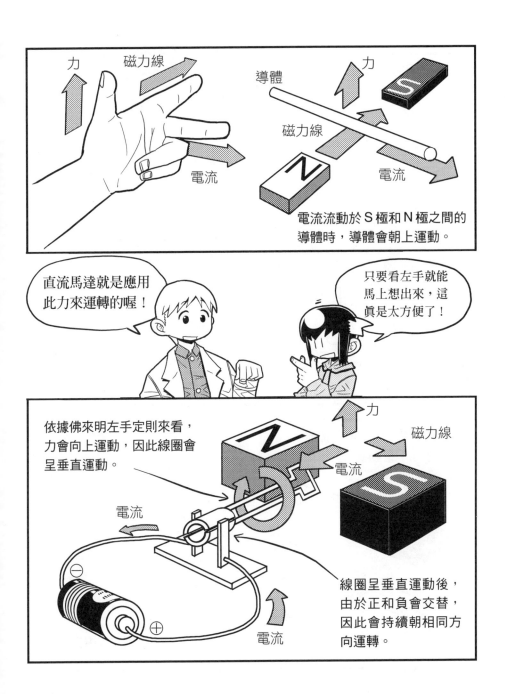

佛來明右手定則

還有佛來明右手定則[1]喔！

右手又代表什麼意思呢？

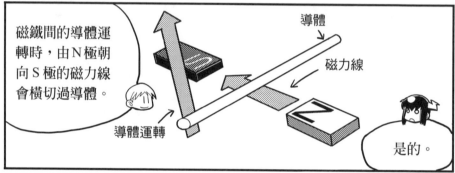

磁鐵間的導體運轉時，由N極朝向S極的磁力線會橫切過導體。

導體

磁力線

導體運轉

是的。

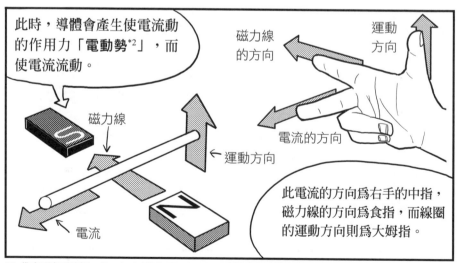

此時，導體會產生使電流動的作用力「**電動勢**[2]」，而使電流流動。

磁力線

運動方向

電流

磁力線的方向

運動方向

電流的方向

此電流的方向爲右手的中指，磁力線的方向爲食指，而線圈的運動方向則爲大姆指。

*1 佛來明右手定則：Fleming's Right Hand Rule，又稱爲發電機定則。
*2 電動勢：Electromotive Force，在電源內部進行能量轉換的過程中，產生一種電源力稱爲電動勢。

那麼今天的課程就到此結束吧！

YEAH——！

喀恰

你好！

小光，你們在研究室裡玩些什麼呀？

啊！你好。

我們並沒有在玩……

小光還真厲害，居然帶女朋友來研究室呀！

咦？

女、女朋友……啊……

哎喲！不是啦！她是親戚家的小孩啦！

又是這一套啊~

……

真的啦！不要誤會啦！

那麼，我們就先走一步了！

喔……再見。

關門

嗯？

這是什麼？小光這小子居然忘了便當。

該不會是那女孩子親手做的吧？

哈哈

似乎還有剩，真是浪費食物，讓我來處理掉吧……

啊啊啊啊啊啊！！

怎麼回事?!

追根究柢

✚ 焦耳熱

在電阻中因電流流動所產生的熱稱爲**焦耳熱**。例如，在電阻 R 中，電流 I 在 t 秒間流動時，所產生的熱量可以用 $I^2 \times R \times t$ 來求出，符號爲 Q，單位爲 J（**焦耳**）。此外 1〔J〕相當於消耗功率 1〔Ws〕。焦耳是以英國物理學家焦耳（James Prescott Joule）的名字所命名。在一大氣壓下，要將 1 公克的純水，從攝氏 14.5℃ 提升至 15.5℃，每升高 1℃ 所需要的熱量約爲 4.2J，即相當於 1cal（**卡路里**）。

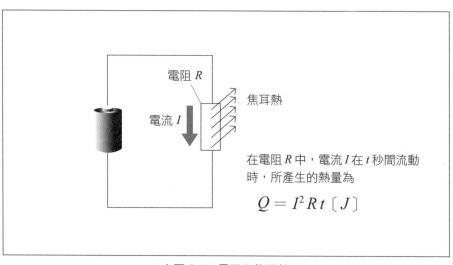

在電阻 R 中，電流 I 在 t 秒間流動時，所產生的熱量為

$$Q = I^2 R t \; 〔J〕$$

◆圖 3-1　電阻和焦耳熱

✚ 熱震動

熱究竟是什麼呢？如同圖 3-2 所示，構成物質的原子經常地振動，此即稱爲**熱振動**（Heat shock）。熱振動的大小即爲溫度的高低，而熱振動所具備的能量即爲熱的眞實面貌。若原子沒有熱振動，則此物質的溫度會變得相當低。此時的溫度就稱爲**絕對零度**，相當於攝氏 −273.15℃。

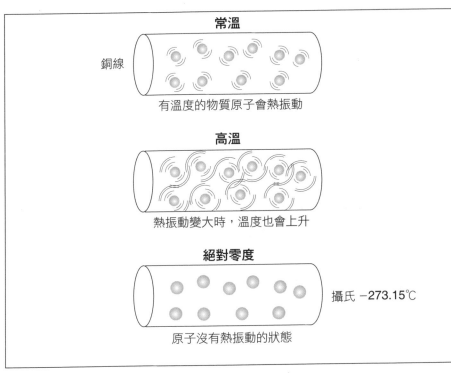

◆圖3-2 熱振動和溫度

　　用作電線材料的銅線也具有些許電阻。即使在常溫下，原子的振動也會妨礙電子的移動，這就是電阻。將銅線的溫度下降至絕對零度後，銅的原子會變為靜止狀態，因為電子不會和銅的原子碰撞而得以順暢地移動。此時，電阻變為零，這個現象稱為**超傳導現象**。（圖3-3）

　　若電線的電阻為零，則因電流流動產生的焦耳熱的損失就會消失。然而，實際上物質的溫度不可能下降至絕對零度，因此目前針對在高於絕對零度的溫度之下，所引起的高溫超傳導現象的相關研究正在進行中。

　　電流在銅線流動時，電子和銅原子產生激烈碰撞，而使振動更為增大。因此而產生熱。（圖3-4）此外，由於原子振動變大，電子也變得無法順暢地移動。換句話說，也就是電阻會增加。金屬的溫度一旦上升，電阻也會跟著增加。反之，當溫度下降，電阻便會減小。

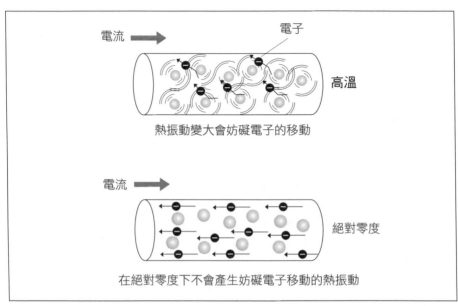

熱振動變大會妨礙電子的移動

在絕對零度下不會產生妨礙電子移動的熱振動

◆圖 3-3 超傳導和電流

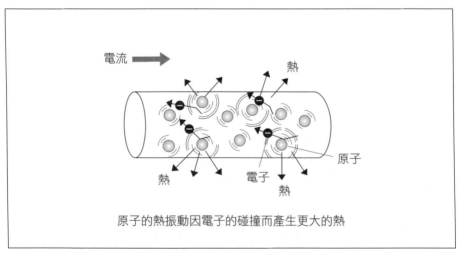

原子的熱振動因電子的碰撞而產生更大的熱

◆圖 3-4 電子的碰撞和熱的產生

⤷ 電磁波

電流在電阻中流動，使溫度上升而發熱。最初會放射出肉眼看不見的紅外線。紅外線又稱為**熱線**，具備熱能，為**電磁波**的一種。電磁波的波長較長，其中包含**電波、紅外線、可見光、紫外線、X射線**等。電波可用於電視或廣播及船舶通訊等上，由於可見光涵蓋了波長較長的紅色至波長較短的紫色，因此依波長不同，顏色隨之改變。

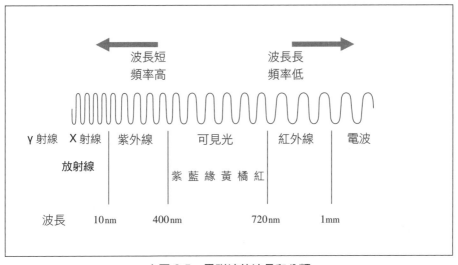

波長短
頻率高

波長長
頻率低

| γ射線 | X射線 | 紫外線 | 可見光 | 紅外線 | 電波 |

放射線

紫 藍 綠 黃 橘 紅

波長　　　　10nm　　　400nm　　　　720nm　　　1mm

◆圖3-5　電磁波的波長和分類

由物質放射出紅外線，當溫度再提高時，則會放射出可見光。這種當物質溫度上升，熱能以電磁波的型態被放射出來的現象稱為**溫度輻射**，被應用在白熾燈泡等的發光原理上。溫度輻射在低溫時放出紅光，一旦溫度上升，則變為藍白光。

由溫度輻射所引起的發光幾乎都會轉為熱，因此若當作照明使用則效率差。另一方面，溫度輻射以外的發光稱為**冷光**，是不會產生熱的光。冷光便是應用在日光燈的發光原理上。日光燈由燈絲（Filament）散發出的電子和日光燈管內的水銀原子相互碰撞，此時產生的紫外線激起日光燈管內側的螢光物質，而產生可見光。日光燈的發光效率很好，相同的耗電量即可放射出白熾燈泡4倍以上的光。

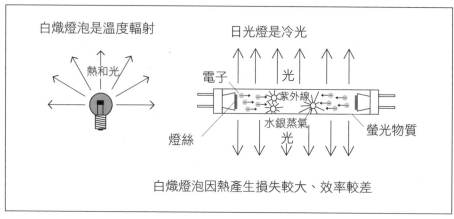

白熾燈泡是溫度輻射

熱和光

日光燈是冷光

電子　　　　光

燈絲

紫外線

水銀蒸氣
光

螢光物質

白熾燈泡因熱產生損失較大、效率較差

◆圖 3-6　白光燈泡和日光燈的發光

如上所述，發光現象中有溫度輻射及冷光兩種。

❤電和磁

這是將鐵砂灑在放置於紙上的磁鐵棒後，所產生的線狀圖型。將此假設為由磁極發生的線，稱為**磁力線**。磁力線為固定由 N 極流向 S 極的線。

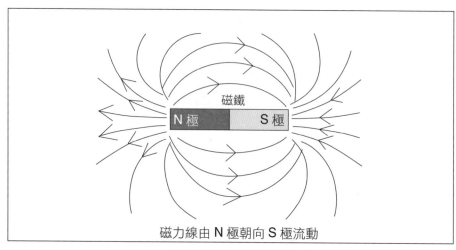

磁鐵

N 極　　　　S 極

磁力線由 N 極朝向 S 極流動

◆圖 3-7　磁鐵和磁力線

磁力線在電流流動時也會發生。這在電的應用上是非常重要的現象，我們所使用的許多電器製品都是利用這個現象運作的。

　　電流在電線流動時，會產生相對於行進方向右旋轉的磁力線。這就稱為**安培右螺旋定則**。此磁力線隨電流的強弱不同，而有大小變化，而電流的方向一旦改變，磁力線的方向也會改變。

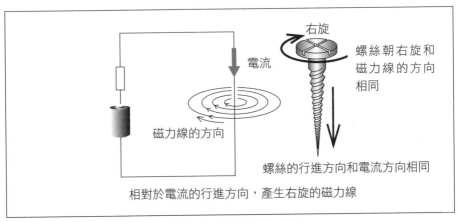

◆圖 3-8　安培右螺旋定則

　　在 2 條並列的電線中，若有同方向同大小的電流流動，則各自產生的磁力線會合在一起，並在 2 個導體的周圍產生相當於 2 條電流量的磁力線。此時，2 條電線間會產生引力。接下來，若電流的方向相反，則 2 條電線間會產生相斥力。此時，電線周圍的磁力線會互相抵消而變小。

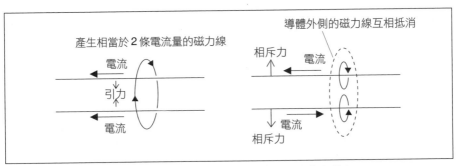

◆圖 3-9　在 2 個導體間流動的電流及產生的力

⮑佛來明左手定則與馬達

　　使電流在磁力線中的導體中流動，導體會產生**電磁力**。此時，**佛來明左手定則**可簡易地表示磁力線、電流及力的運動方向之間的關係。此法則為，左手的大姆指、食指及中指呈彎曲且互為直角的關係，將食指視為磁力線的方向，將中指視為電流的方向，而導體的運動方向（電磁力的方向）則為大姆指所示的方向，這是以英國的電工學家佛來明（John Ambrose Fleming）之名所命名。馬達的運轉方向即依照佛來明左手定則運轉。

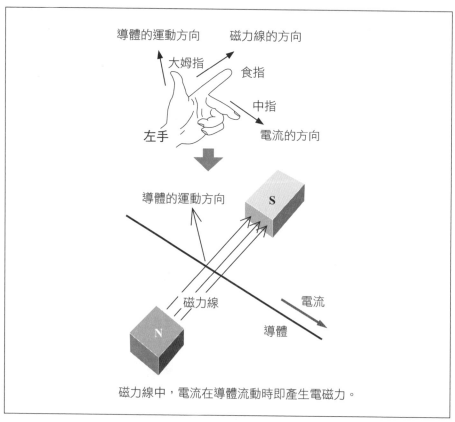

◆圖 3-10　佛來明左手定則

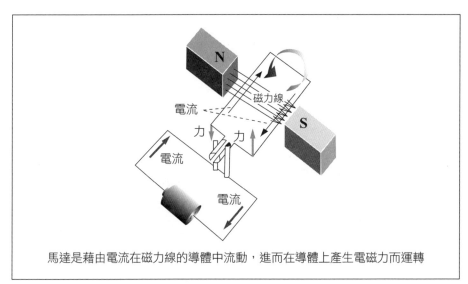

磁力線

電流

力　力

電流

電流

N

S

馬達是藉由電流在磁力線的導體中流動，進而在導體上產生電磁力而運轉

◆圖 3-11　馬達的運轉

佛來明右手定則與發電機

　　發電機所產生的電力的方向，可以由**佛來明右手定則**得知。如圖 3-12
所示，導體運動於磁鐵之間時，由於磁鐵 N 極至 S 極的磁力線會橫切過導
體，導體便會產生電動勢而使電流流動。此時，佛來明右手定則可以簡易
地表示磁力線、導體的運動方向及電流的流向三者之間的關係。右手的大
姆指、食指及中指互相彎曲成直角，若設食指爲磁力線的方向，導體的運
動方向爲大姆指的方向，則中指的方向即爲電流的方向。

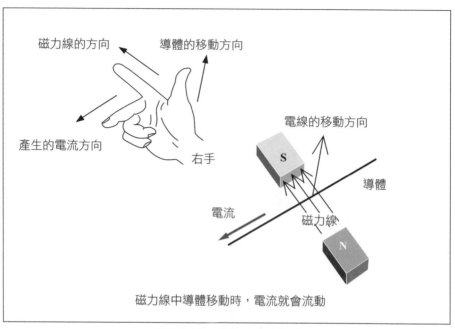

磁力線的方向

導體的移動方向

產生的電流方向

右手

電線的移動方向

S

導體

電流

磁力線

N

磁力線中導體移動時，電流就會流動

◆圖 3-12　佛來明右手定則

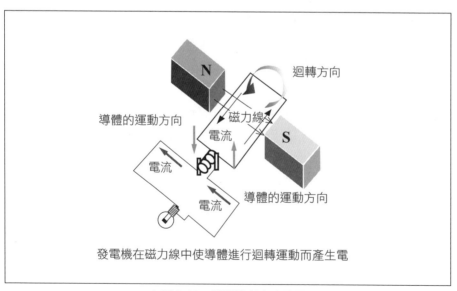

N

迴轉方向

導體的運動方向

磁力線

電流

S

電流

電流

導體的運動方向

發電機在磁力線中使導體進行迴轉運動而產生電

◆圖 3-13　發電機所產生的電

❷電和線圈

　　線圈由電線捲成。如圖 3-14 所示，電流在線圈流動時，會產生通過線圈內側的磁力線。在此加入鐵芯後，磁力線會更加集中而變成強力的**電磁鐵**。電磁鐵的強度和電流及線圈的圈數的乘積成正比，若將電流流向顛倒，則電磁石的極性也會相反。此外，若停止電流，則鐵芯的磁力就會消失。

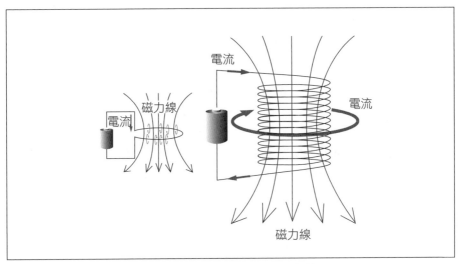

◆圖 3-14　線圈所產生的磁力線

❷線圈和電磁感應

　　只要使磁鐵開始作動，電流就會在線圈中流動。若改變磁鐵移動的方向，則電流的方向也會改變。這類現象稱為**電磁感應**（Electromagnetic Induction），而此時產生的電稱為**感應電動勢**。而此電流稱為**感應電流**（圖 3-15）。

　　「由電磁感應所產生的電流，其所生的磁力線會妨礙磁鐵的運動。」這稱為「冷次定律」（Lentz's Law），是由俄羅斯物理學家冷次（Heinrich Friedrich Emil Lentz）所發現。

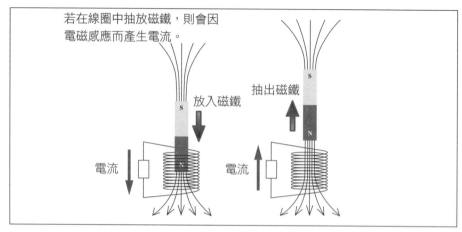

若在線圈中抽放磁鐵，則會因
電磁感應而產生電流。

放入磁鐵

抽出磁鐵

電流

電流

◆圖 3-15　電磁感應

⑦線圈和自感應

　　將線圈接上乾電池，使電流流動後，會產生磁力線而變為電磁鐵，但電流開始流動時，磁力線會產生且變大。此時，變化的磁力線會使線圈本身產生感應電動勢。這就稱為**自感應**（Self-Induction）（圖 3-16）。

　　切斷線圈的電流後，磁力線亦會因電流消失而產生變化，進而引發感應電動勢。感應電動勢的方向為妨礙在線圈內流動的電流方向，因此又稱為**反電動勢**（Back Electro Motive Force）。一般反電動勢可簡易地確認。將線圈接上乾電池，待電流流動後，即會產生磁力線。電流固定時雖不會產生反電動勢，但取下電池切斷電流後，因為所產生的磁力線會變小而產生變化。此時線圈的兩端會因反電動勢而出現電壓。

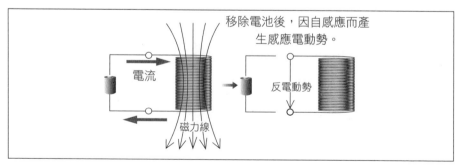

移除電池後，因自感應而產
生感應電動勢。

電流

反電動勢

磁力線

◆圖 3-16　線圈的自感應

線圈和交流電

交流電的大小經常在改變。交流電在線圈流動時，線圈上會產生妨礙電流流動方向的感應電動勢，使得電流會因電源電壓的變化而滯後（延後）4 分之 1 個週期流動。這就稱為**滯後電流**（Lagging Current）。具有線圈的馬達等電器製品中通常會有滯後電流（圖 3-17）流動。此外，像這樣產生的時間差，就稱為**相位差**（Phase Difference）。以上的情形，線圈會對交流電形成電阻，這就稱為**感抗**（Inductive Reactance），其大小和頻率成正比。

消耗功率以電壓及電流的乘積來表示，當電壓和電流的波在時間上一致時，電力可執行 100%的工作。這就稱為「功率因數（Power Factor）為 100%」。若電流滯後且功率低於 100%，則可以稱為「功率因數差」。

若功率因數差，由於電源輸入的電力無法執行 100%的工作，因此需要更大容量的電源。另外，消耗功率和輸入電力的比例即為**功率因數**。

$$功率因數 = \frac{消耗功率}{輸入電力}$$

功率因數差是指由於電流未執行工作即回到電源的狀態。

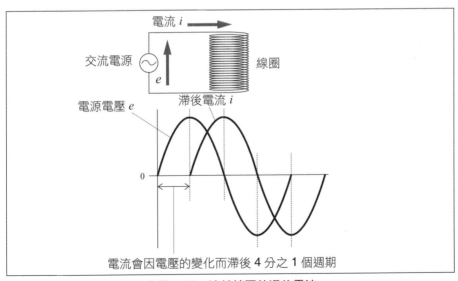

電流會因電壓的變化而滯後 4 分之 1 個週期

◆圖 3-17　流於線圈的滯後電流

⚡線圈和變壓器

變壓器爲可以藉由電磁感應改變交流電壓的裝置，英文爲 Trance。

將線圈 1 與交流電源相連後會產生磁力線。此磁力線在線圈 2 中產生變化時，會於線圈 2 產生感應電動勢。此現象就稱爲**互感應**（Mutual Induction）。變壓器即爲利用此現象來改變電壓的電器（圖 3-18）。

在**鐵芯**上捲上 2 個線圈，將線圈 1 與交流電源相連後，產生磁力線通過鐵芯。由於線圈 2 也同樣捲在鐵芯上，因此線圈 2 的磁力線也會發生變化，而於線圈 2 產生感應電動勢。

變壓器的電源側稱爲一次側，負載側稱爲二次側。在二次側產生的電壓是以一次側線圈圈數 n_1 和二次側線圈圈數 n_2 的**圈數比**來決定。例如，當二次側線圈圈數爲一次側的兩倍時，則二次側會產生兩倍的電壓。此時，在二次側線圈流動的電流爲在一次側線圈流動電流的一半。

一次側的電壓 V_1 和二次側電壓 V_2 的比稱爲變壓比，一次側的電壓和電流的乘積會與二次側的電壓和電流的乘積相等。換句話說，變壓器是不會改變電力大小，而僅只改變電壓的電器製品。

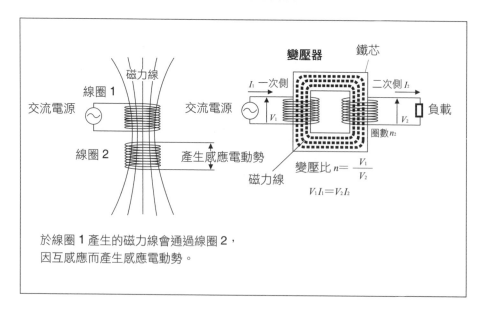

於線圈 1 產生的磁力線會通過線圈 2，
因互感應而產生感應電動勢。

☑變壓器的損耗

實際的變壓會因鐵芯或銅線產生鐵損（Iron Loss）或銅損（Copper Loss），而使得二次側的電力變小。

鐵損是指當鐵芯內磁力線改變時，就會有如圖3-19所示的**渦電流**（Eddy Current）流動而造成的渦流損（Eddy Current Loss），以及磁分子相互摩擦所造成的**磁滯損**（Hysteresis Loss）兩者加總所得，又可稱為**空載損耗**（No Load Loss）。為了防止渦電流，一般會在鐵芯間層層夾入電氣絕緣的薄矽鐵片的層疊鐵芯。

銅損是因電流流於線圈內，於電阻產生的焦耳熱造成之損失，也可稱為**負載損**（Load Loss）。

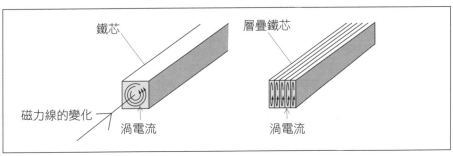

鐵芯　　　　　　層疊鐵芯

磁力線的變化　渦電流　　　　渦電流

◆圖 3-19　產生於鐵芯的渦電流

☑電容器是？

如圖 3-20 所示，以 2 片金屬板包夾絕緣體，再接上乾電池時，電子會由乾電池的負極移動到下側的金屬板而帶電。此時，由於上側的金屬板的電子朝向乾電池的正極移動，因此上側的金屬板會帶正電。此時，金屬板呈現儲存電荷的狀態。

這種儲存電荷的物體稱為**電容器**（Condenser），而將電荷儲存在金屬板內就稱為充電。

直到電荷被儲存，且電子的移動停止之前，電流會流動一下子。亦即，將電容器與直流電源相接後，電流只會在最開始時流動，隨後便會停止。在此狀態下取下乾電池的話，金屬板就會維持儲存著電荷的狀態。而若將

乾電池反向接續，則會造成被儲存的電荷一時放電，而電容器會以反方向被充電。

像這樣，電容器可儲存電荷的能力稱為靜電容量（Electrostatic Capacity），而其大小和金屬板的面積成正比，和金屬板的距離成反比。

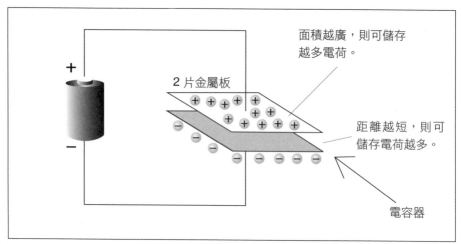

面積越廣，則可儲存越多電荷。

2 片金屬板

距離越短，則可儲存電荷越多。

電容器

◆圖 3-20　儲存於電容器的電荷

✒電容器和電流

對電容器施加交流電壓時，充電電流會流動直到電源電壓從 0〔V〕增至最大為止，當電源電壓為最大值時，電流會變為 0。電源電壓由最大值開始下降後，就會開始放電，當電源電壓為 0〔V〕時，放電電流最大。自此，電源電壓的極性改變，而充電電流再度開始流動，當電源電壓達到反極性的最大值時，充電就會停止，然後再開始放電。

就像這樣，將交流電源與電容器接續時，因電源電壓的變化，使得電流的變化會快 4 分之 1 個週期，這就稱為超前電流（Leading Current）（圖3-21）。

此外，電容器會對交流電產生電阻般妨礙的作用。這就稱為**容抗**（Capacitive Reactance），其大小和頻率成反比。

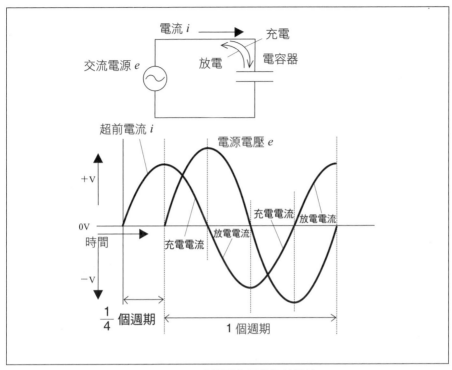

◆圖 3-21 流於電容器的超前電流

若交流迴路有線圈,則電流會變慢,而使功率因數變差。然而若與電容器相接,則電流會超前,使功率因數變佳。

交流迴路中,除電阻之外,電容器和線圈也有如電阻般的妨礙作用,這就稱爲**阻抗**(Impedance)。

第4章

發電的構造

1.以發電機發電

我回來了。

卡恰

歡迎回家!

小光老師,要先吃飯還是先洗澡呢?

還·是·要

啊!先吃飯吧!我餓了!

慌忙…

甩

甩

今天的餐點可是我的自信之作喔!

吃什麼都行啦!不過這些材料妳到底是怎麼買到的?

那麼,

發電的代表性設施及裝置有發電廠和乾電池。

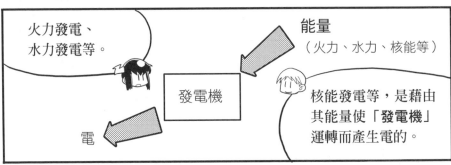

火力發電、水力發電等。

能量
(火力、水力、核能等)

發電機

電

核能發電等,是藉由其能量使「發電機」運轉而產生電的。

另一方面,乾電池則是利用化學反應或光、熱的能量來產生發電的。

用化學反應?

關於這點稍後會詳細解說。

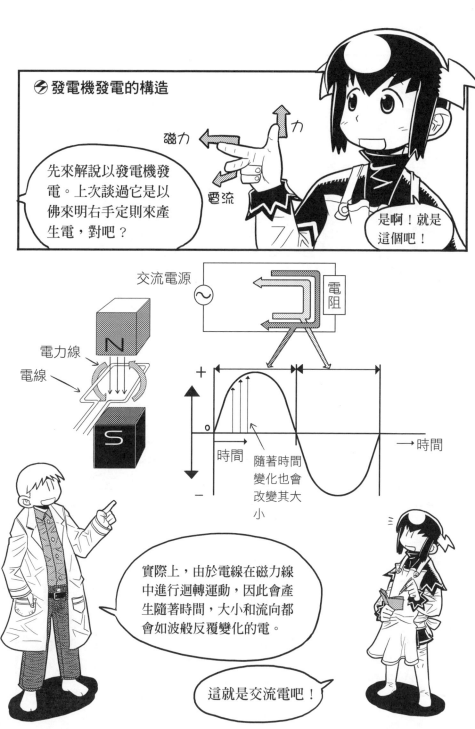

發電機發電的構造

磁力　力

先來解說以發電機發電。上次談過它是以佛來明右手定則來產生電，對吧？

電流

是啊！就是這個吧！

交流電源

電阻

電力線

電線

+

o

時間

隨著時間變化也會改變其大小

時間

−

實際上，由於電線在磁力線中進行迴轉運動，因此會產生隨著時間，大小和流向都會如波般反覆變化的電。

這就是交流電吧！

第 4 章◆發電的構造　129

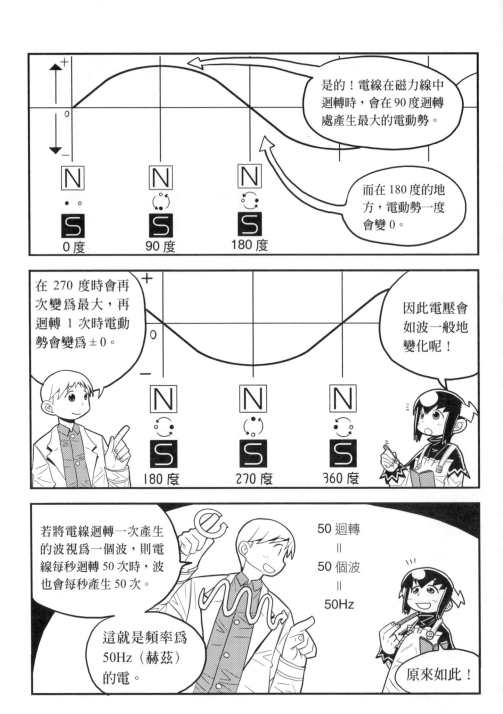

一般家庭用的插座電壓爲交流電 100V。

這個值稱爲「有效值*」，相當於在交流電源和直流電源上施加相同電阻，並產生相同熱量的電壓值。

直流 100V

交流 100V

電阻

電阻

產生的熱量相同

哇～

在相同電阻上施加直流電 100V 時所產生的熱，和施加交流電 100V 時所產生的熱相等，對吧！

是。但交流電是有波的。

最大值 141V

有效值 100V

0

因此，插座的電壓（有效值）雖爲交流電 100V，但波最大時的電壓稱爲「最大值」，大約爲 141V。

*有效值：EffectiVe Valud。

2.電池是什麼？

⚡ 化學作用和電池的種類

接著來說明電池。

電池有很多種類吧！

是啊！

將電池大略分類，可分為利用化學反應的「化學電池*1」，

以及利用光能或熱能的「物理電池」。

大概可分為2種呢！

1次電池
2次電池
燃料電池

物理電池　　化學電池

此外，化學電池又分為不可充電的「1次電池*2」及可充電重覆使用的「2次電池*3」，以及「燃料電池*4」。

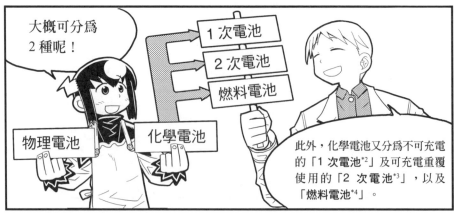

*1 化學電池：Chemical Cell。
*2 1次電池：僅能被使用一次的電池，無法透過充電的方式再補充已被轉化掉的化學能。

*3 2次電池：指的就是可以被重複使用的電池。
*4 燃料電池：一種利用電化學反應的發電裝置，不經燃燒過程，可直接將化學能轉換成電能。

⚡ 伏打電池

化學電池的原理……

Volta

約在 200 年前由物理學家伏打*所發現。

啊～

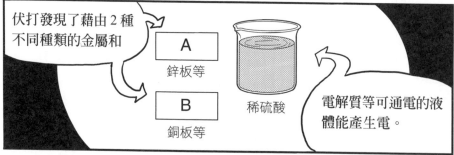

伏打發現了藉由 2 種不同種類的金屬和

A
鋅板等

B
銅板等

稀硫酸

電解質等可通電的液體能產生電。

伏打電池

這類構造的電池就被稱為「伏打電池」。

嗯……實在無法想像……

那我具體說明一下吧！

---

*伏打：Alessandro Volta，1745 − 1827，義大利物理學家。他於 1800 年製成了世界上第一個電池—伏打電池。

在稀硫酸中放入銅板和鋅板，並在它們之間以導體來連接。

鋅板

銅板

稀硫酸（淡硫酸）

嗯。

由於鋅比銅更易形成離子，因此鋅的原子會在鋅板留下電子，而形成鋅離子（Zn^{2+}），並溶於稀硫酸中。

電子殘留於電極

鋅板

銅板

鋅會先形成離子而溶出

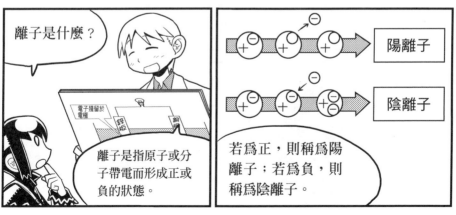

離子是什麼？

電子殘留於電極

鋅板

銅板

離子是指原子或分子帶電而形成正或負的狀態。

陽離子

陰離子

若為正，則稱為陽離子；若為負，則稱為陰離子。

……！

也就是說……

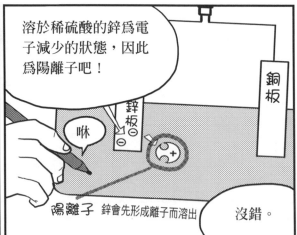

溶於稀硫酸的鋅為電子減少的狀態，因此為陽離子吧！

啾

鋅板 ⊖

陽離子 鋅會先形成離子而溶出

沒錯。

銅板

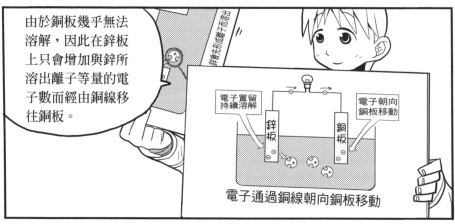

由於銅板幾乎無法溶解，因此在鋅板上只會增加與鋅所溶出離子等量的電子數而經由銅線移往銅板。

電子置留持續溶解

鋅板 ⊖

電子朝向銅板移動

銅板 ⊖

電子通過銅線朝向銅板移動

這些電子的流動就是電流吧！

電子置留持續溶解

鋅板

沒錯。

稀硫酸中存在著氫離子 H^+ 和硫酸根離子 SO_4^{2-}。

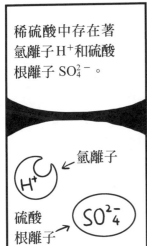

氫離子

硫酸根離子

在稀硫酸中產生鋅離子後，比鋅不易形成離子的氫，

會和朝向銅板移動的電子結合，形成氫氣。

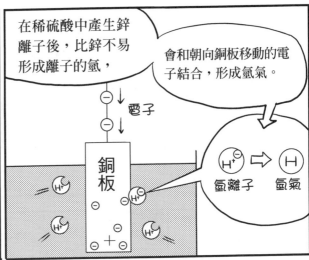

電子

銅板

H^+ ⇨ H

氫離子　氫氣

電子

氫氣

銅板

氫氣由銅板產生呢！

像這樣電子被消耗後，

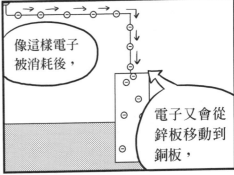

電子又會從鋅板移動到銅板，

電能就會產生。

咚

咚

原來如此。

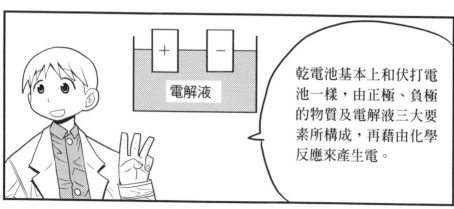

乾電池基本上和伏打電池一樣，由正極、負極的物質及電解液三大要素所構成，再藉由化學反應來產生電。

但是乾電池普遍都蠻小的吧？

裡面的電解液是什麼狀態呢？

一般是以棉或紙來吸收電解液，或是做成糊狀，使其變為易於使用的狀態。

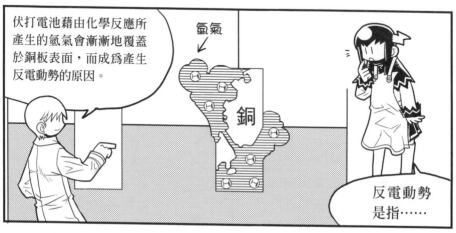

伏打電池藉由化學反應所產生的氫氣會漸漸地覆蓋於銅板表面，而成為產生反電動勢的原因。

反電動勢是指……

電的流動會變弱嗎？

名為「分極現象[1]」的運作會妨礙電的流動，使電壓下降。

銅

如此一來就無法當作電池使用了吧！

是。

是呀。

因此，電解液中會加入做為氧化劑的過氧化氫[2]，將氫氣氧化形成水。

過氧化氫

將氫氣氧化形成水

此氧化劑就稱為「去極劑[3]」。

那麼乾電池中有去極劑嗎？

有。
是二氧化錳等物質。

二氧化錳

哇～

*1 分極現象：Polarization。
*2 過氧化氫：Hydrogen Peroxide，俗稱雙氧水。
*3 去極劑：Depolarizer。

此外，引起電氣化學反應的物質稱爲「**活性材料**[*1]」。

活性材料

用較艱深的說法的話，則是化學電池透過正極活性材料及負極活性材料的氧化還原反應，是由電解液來進行因而產生電。

氧化還原？

確實很難。

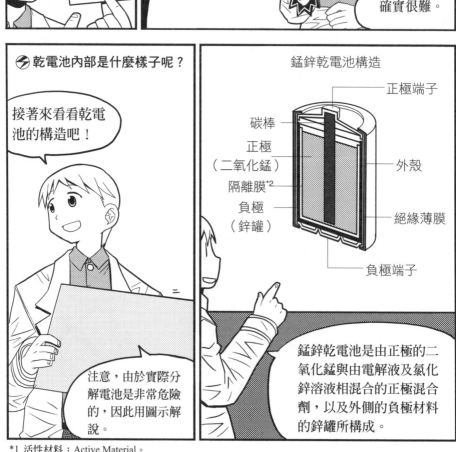

⚡ 乾電池內部是什麼樣子呢？

接著來看看乾電池的構造吧！

注意，由於實際分解電池是非常危險的，因此用圖示解說。

錳鋅乾電池構造

碳棒

正極（二氧化錳）

隔離膜[*2]

負極（鋅罐）

正極端子

外殼

絕緣薄膜

負極端子

錳鋅乾電池是由正極的二氧化錳與由電解液及氯化鋅溶液相混合的正極混合劑，以及外側的負極材料的鋅罐所構成。

*1 活性材料：Active Material。
*2 隔離膜：Separator。主要是防止正負極活性物質直接接觸，以免造成電池內部短路。

裡面包含好多物質呀！

哇～

連續使用錳鋅乾電池的話，電壓會急速下降。

暫時不用後，電壓就會回復，電流便可再度流動，

因此適合用於斷續使用的手電筒或是以少量電力便可以運作的時鐘等。

這些東西確實有這些特徵。

鹼性電池

- 正極端子
- 外層容器
- 負極（鋅粉）
- 集合體
- 正極（二氧化錳）
- 隔離膜
- 負極端子

另一方面，鹼性電池的正極為二氧化錳，負極為鋅粉，而電解液為強鹼性的氫氧化鉀。

錳鋅乾電池和鹼性電池由外觀看來幾乎一樣，但內部卻有相當大的差異呢！

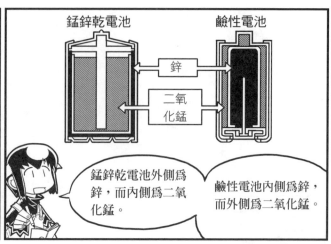

錳鋅乾電池外側為鋅，而內側為二氧化錳。

鹼性電池內側為鋅，而外側為二氧化錳。

鹼性電池的構造含有大量的二氧化錳及鋅，因此電流較大，壽命也較長。

因此鹼性電池比較適合作為馬達等需要大電流的機器的電源。

原來如此。

錳鋅乾電池
不使用後電壓會回復。
時鐘　手電筒
遙控器

鹼性電池
大電力持續性地流動。
馬達　音響
數位相機

了解乾電池的特徵後，我們可以更靈活運用！

正是如此。

⚡ 水的電解和燃料電池

妳有做過水的
電解實驗嗎？

舉

有！

但是不太記得那
是個怎樣的實驗
了⋯⋯

無力

那⋯⋯
就稍微複習一下吧！

簡單來說，水的電解就
是在水中通電，製造出
氧氣和氫氣。

電
↓
水
氧氣　氫氣

了解。

氫氧化鈉

然而，由於水不易
導電，因此實驗
時，通常會在水中
溶解氫氧化鈉。

啊！這就是所謂
的苛性蘇打*吧！

*苛性蘇打：Caustic Soda，又稱爲苛性鈉。

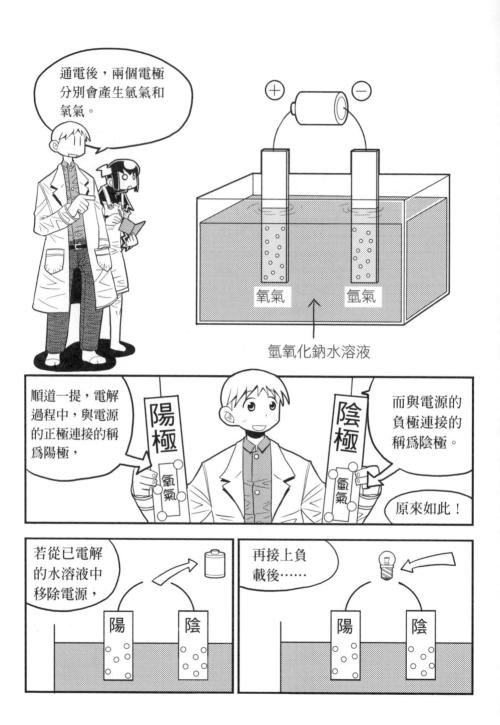

被分解的氫和氧會結合，而產生電和水，然後是熱，這就是燃料電池的原理喔！

此外，若可持續供應氫氣和氧氣，則可持續製造出電。

真厲害。

因此，只要提供氫氣和氧氣，燃料電池便可產生電。

陽極是氧氣，陰極是氫氣，對吧！

被供給的氫氣會

因陰極的觸媒（催化劑）的作用，而分解為氫離子和電子。

電子 →

氫離子 →

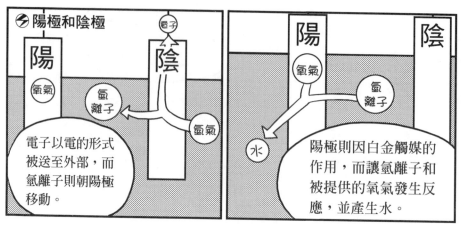

電子以電的形式被送至外部，而氫離子則朝陽極移動。

陽極則因白金觸媒的作用，而讓氫離子和被提供的氧氣發生反應，並產生水。

燃料電池的構造

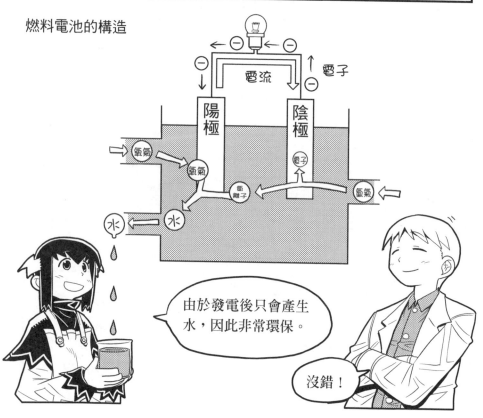

由於發電後只會產生水，因此非常環保。

沒錯！

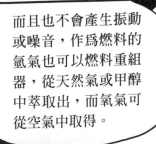

而且也不會產生振動或噪音，作爲燃料的氫氣也可以燃料重組器，從天然氣或甲醇中萃取出，而氧氣可從空氣中取得。

眞是太棒了！

若能利用廢熱的話，效率可進一步提昇。此外，由於做爲燃料的氫氣可從許多物質中取得，因此來源穩定。

但是，似乎不太常看到燃料電池……

現階段還有成本問題尚待解決，應該會逐漸普及才是。

也許在不久的將來就可看到它被運用於各種領域了！

是呀！

3.試著動手做電池

⚡ 製作硬幣電池

真的嗎？

只要有2種金屬和電解液就可以製作。從生活中取材也可以喔！

只要知道利用化學反應的電池之構造，就可以簡單作出來喔！

喀

喀

例如……

只要有這些東西就可以了！

水

食鹽

10圓日幣

面紙

1圓日幣

什麼！！

10圓日幣（＋）

1圓日幣（－）

正極用 10 圓日幣（銅），負極用 1 圓日幣（鋁），電解液用食鹽水，並於正負極之間以沾有食鹽水的面紙夾住，就是一個電池了。

沾有食鹽水的面紙

※ 編註：若手邊沒有日幣，可以使用台幣 10 元（銅）硬幣，加上鋁片或鋁箔紙來製作。

這麼簡單？！

只不過這樣的構造所產生的電力非常微弱。

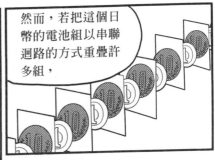

然而，若把這個日幣的電池組以串聯迴路的方式重疊許多組，

便可使小型的發光二極體發亮囉！

哇！

⚡ 熱起電力電池

除了化學反應之外，也可以用簡單的構造來發電喔！

真的嗎？

金屬 A

金屬 B

在此有 A 和 B 兩種金屬。

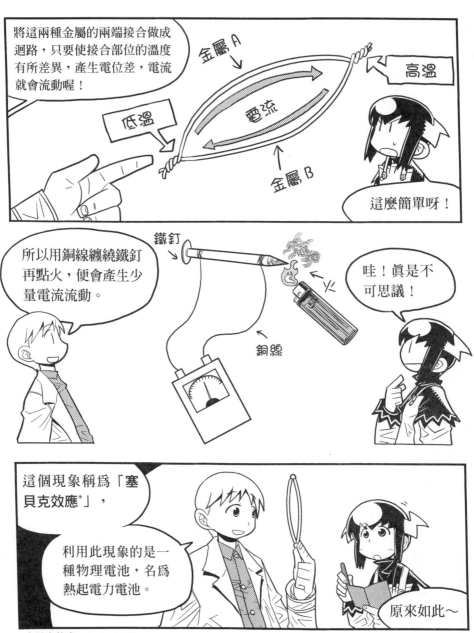

將這兩種金屬的兩端接合做成迴路，只要使接合部位的溫度有所差異，產生電位差，電流就會流動喔！

金屬A

高溫

低溫

電流

金屬B

這麼簡單呀！

所以用銅線纏繞鐵釘再點火，便會產生少量電流流動。

鐵釘

銅線

哇！真是不可思議！

這個現象稱爲「塞貝克效應*」，

利用此現象的是一種物理電池，名爲熱起電力電池。

原來如此～

*塞貝克效應：Seebeck Effect。

熱起電力電池的接合部之溫度差越大，則流動的電流也越大，只要有溫度差存在，電流便會持續流動。

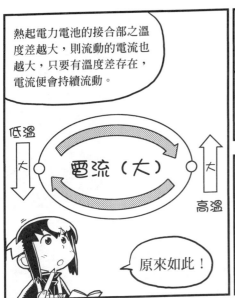

低溫

大

電流（大）

大

高溫

原來如此！

此兩種金屬的接合部位就稱爲「熱電偶*」。

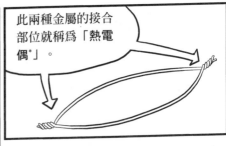

只要和電流計相組合，就可做爲溫度計使用。

電流計

哇！

只要查出電流量，便可得知熱電偶的溫度。

沒錯！

此外，和塞貝克效應相反，若將熱電偶與直流電流相接，使電流流動時，會出現一邊的熱電偶會吸熱，另一邊則會發熱的現象。

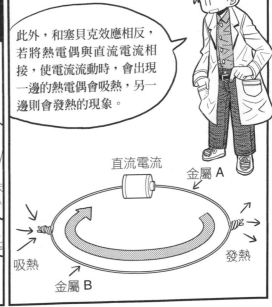

直流電流

金屬 A

吸熱

發熱

金屬 B

*熱電偶：Thermocouple。

哇！如果加以應用，便可將物體加熱或變冷呢！

對！這就稱為「珀爾帖效應[*1]」。

運用此效應的半導體元件「珀爾帖元件[*2]」的吸熱側，多用於不需馬達的小型冰箱等。

卡恰

了解。

整合塞貝克效應及珀爾帖效應等的現象，就稱為「熱電現象[*3]」。

辛苦了！

哇！學到好多。

噗嚕嚕、噗嚕嚕♪

啊！似乎是特特卡老師發來的通訊。

噗嚕嚕♪噗嚕嚕

*1 珀爾帖效應：Peltier Effect。
*2 珀爾帖元件：Peltier Element。
*3 熱電現象：Thermoelectric Phenomena。

喂！我是麗麗子。

如何？學習得還順利吧？

是呀！完全沒有問題。

趁現在趕快去洗澡……

把、妳、妳送回來的日、日期……

碰！！

啊！！

嚇一跳

咦？！

怎麼了？!

碰

小光老師！世之助……

世之助壞掉了啦！

咻咻咻……

完全壞掉了嗎？

啾啾啾⋯⋯

啾⋯⋯

怎麼會這樣，那我就無法和電邦通訊了，

也不能回家了。

怎麼辦⋯⋯

⋯⋯

先修理看看再說吧！

好⋯⋯

⚡發電廠製造的電

發電廠以水力使水車旋轉，以火力或核能所產生的蒸氣使汽輪機運轉，再以汽輪機所產生的力使發電機運轉而產生電力。

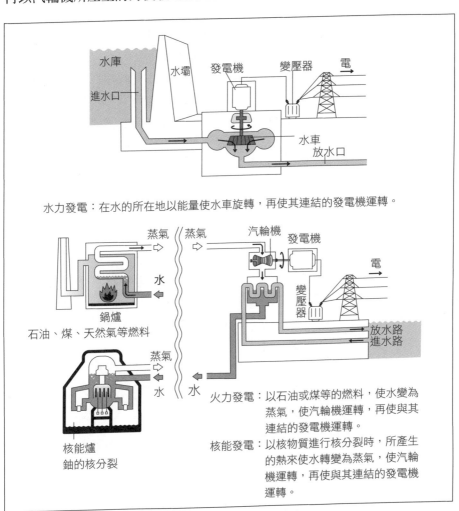

水力發電：在水的所在地以能量使水車旋轉，再使其連結的發電機運轉。

火力發電：以石油或煤等的燃料，使水變為蒸氣，使汽輪機運轉，再使與其連結的發電機運轉。

核能發電：以核物質進行核分裂時，所產生的熱來使水轉變為蒸氣，使汽輪機運轉，再使與其連結的發電機運轉。

◆圖 4-1　發電廠所製造的電

發電機依據佛來明右手定則來發電。實際上，由於導體在磁力線中進行迴轉運動，因此會隨時間產生出大小和流動方向如波一般，反覆變化的電。由此產生的電壓在電線與磁力線呈直角相切時最大，而磁力線的方向和電線的移動方向相同時電壓為0。

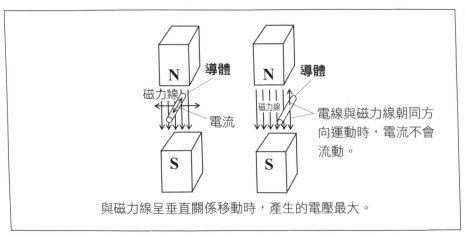

◆圖 4-2　產生於導體的電

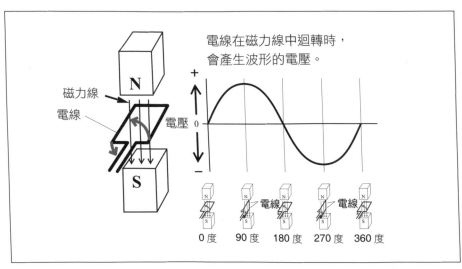

◆圖 4-3　發電機所製造的電

像這樣被製造出的電稱爲交流電，也是發電廠送至家中的插座的電。導體在磁力線中旋轉 1 次產生的波即爲 1 個波，導體每秒迴轉 50 次，亦同樣產生 50 個波。此即爲頻率 50Hz（赫茲）的電。

一般的插座電壓爲交流電 100V（台灣爲 110V）。此種電力的波之**最大值**約爲 141V。100V 的值代表**有效值**，這是直流電執行相同工作時的電壓值。換句話說，對相同電阻施加直流電 100V 時所產生的熱量，和施加交流電 100V 所產生的熱量相同。

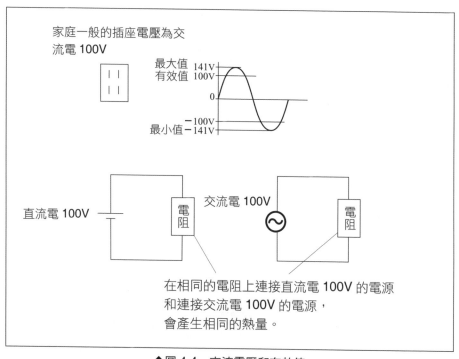

家庭一般的插座電壓為交流電 100V

最大值 141V
有效值 100V
0
−100V
最小值 −141V

直流電 100V　電阻　交流電 100V　電阻

在相同的電阻上連接直流電 100V 的電源和連接交流電 100V 的電源，會產生相同的熱量。

◆圖 4-4　交流電壓和有效值

⏻ 發電廠發電的構造

日本的發電量中，火力發電、核能發電及水力發電佔了全體的 98%。

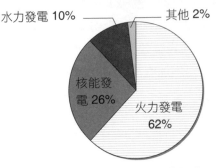

水力發電 10% ── 其他 2%

核能發電 26%

火力發電 62%

◆圖 4-5 發電量的構成

■火力發電

現今發電量最多的火力發電（Thermal Power Generation）中，分別有慣常蒸汽動力發電（Steam Power Generation）、內燃動力發電（Internal Combustion Power Generation）、燃氣渦輪發電（Gas Turbine Generation）、複循環發電（Combined Cycle）等。

慣常蒸汽動力發電以鍋爐燃燒石油、煤、液化天然氣（LNG）等燃料，產生高溫、高壓的蒸氣後，再以蒸氣產生的力轉動和發電機相連結的汽輪機進而發電。

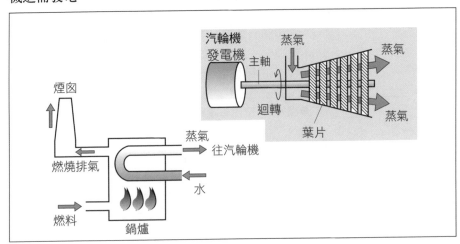

◆圖 4-6 汽輪機和慣常蒸汽動力發電

用於發電的蒸氣，以冷凝器（Condenser）冷卻後變成水再度送至鍋爐。

內燃動力發電是利用柴油引擎（Diese Engine）等的內燃機關來發電。

燃氣渦輪發電是以煤油、輕油等的燃料氣體來推動燃氣渦輪發電。

複循環發電是慣常蒸汽動力發電及燃氣渦輪發電的組合。因爲這是先以燃氣渦輪機發電，再以排氣的熱來產生蒸氣，使蒸汽渦輪機運轉發電的設備，因此爲熱效率佳的發電方式。

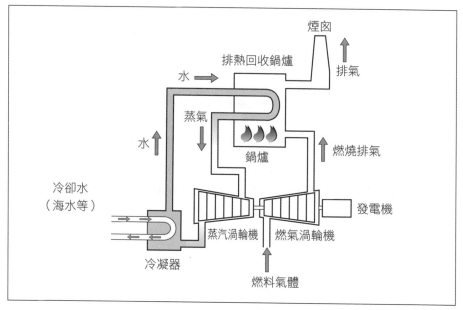

◆圖 4-7　複循環發電

■**核能發電**

　　核能發電在反應器（Reactor）中，以鈾（Uran）進行核分裂時產生的熱來製造高溫、高壓的蒸氣，再汽輪機運轉發電。使**鈾**235 和中子碰撞後，原子核會分裂成 2 個，此時會放射出數個中子及熱。接著中子又會繼續和其他的鈾 235 發生碰撞，引起**核分裂**，並產生大量的熱能。

　　核能發電以此熱能來製造蒸氣，和火力發電一樣，利用蒸氣推動汽輪機來發電。在反應器中使用吸收中子的控制棒（Control Rod）和減慢中子速度的減速材料（緩和劑）來控制核分裂，並調節反應器的產出。

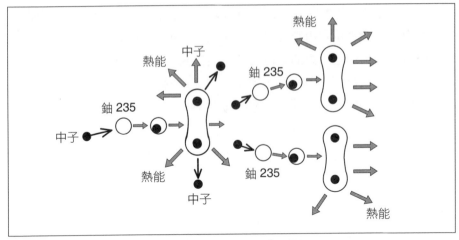

◆圖 4-8　鈾 235 的核分裂

　　反應器有許多種類，而現今最常被使用的是使用輕水（普通的水）做爲減速材料及冷卻材料的輕水反應器（Light-Water Reactor，簡稱PWR）。而輕水反應器中又分爲沸水式反應器（Boiling Water Reactor，簡稱 BWR）及壓水式反應器（Pressured Water Reactor，簡稱 PWR）。

　　沸水式反應器直接將反應器壓力容器中所產生的蒸氣送至汽輪機，推動汽輪機後的蒸氣再以冷凝器復原爲水後再利用。冷凝器是以海水等將用於發電的蒸氣加以冷卻後形成水，並再利用的裝置，因此亦可用於火力發電。

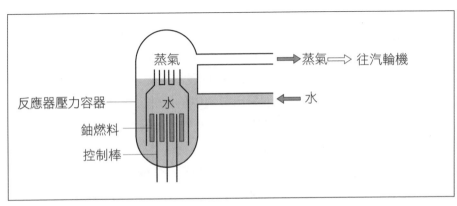

◆圖 4-9　沸水式反應器

壓水式反應器是將在反應器壓力容器中產生的熱水送到蒸氣產生器，並將來自次迴路的水加熱爲蒸氣，再使汽輪機運轉。

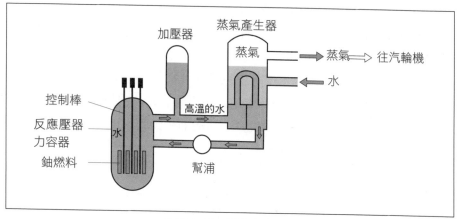

◆圖 4-10　壓水式反應器

■水力發電

　　水力發電是以水的位能（Water Potential）來發電。水壩式發電則是在較高的場所蓄水，再由此使水落下，以轉動與發電機相連的水車來發電。

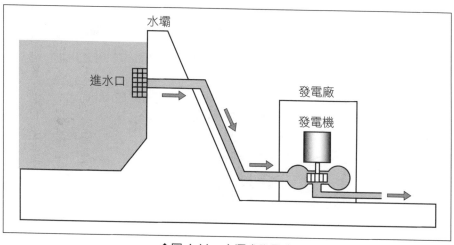

◆圖 4-11　水壩式發電廠

水力發電在發電的開始或停止及發電量的增減上，較火力發電及核能發電簡單，因此可因應變動的電力的需要來發電。此外，在電力需求較小的時間帶，可以使用幫浦將水汲取上來，以做為位能來儲存。

　　水力發電可有效率地利用水的能量，因此可依水位的落差與水量不同，分別使用不用種類的水車。

　　在水流量多，且具中高水位落差的地點通常使用佛蘭西斯水車（Francis Turbine）。此類水車約占了全日本水力發電的七成，它是個由導水管以全方位垂直進水，以水沖撞葉片內側產生水力而轉動的水車。

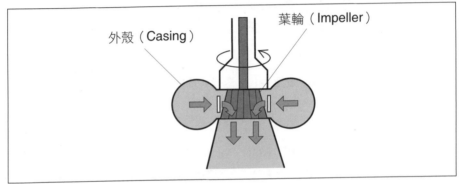

◆圖 4-12　佛蘭西斯水車

　　佩爾頓水車（Pelton Turbine）是將由管嘴噴出的水，沖撞碗型的戽斗（葉片），以反作用力來轉動的水車，適用於有高水位落差的場所。

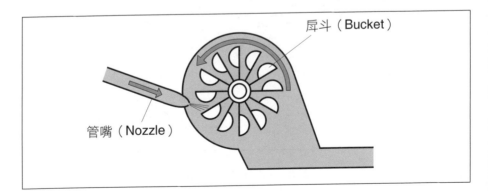

162

卡布蘭水車（Kaplan Turbine）是連接在軸上的數枚螺旋槳形狀葉片，配合水的流量及落差的變動，而改變角度來旋轉的水車，多適用於低水位落差的場所。葉片的角度無法改變的類型稱為螺旋槳型水車（Propeller Turbine）。

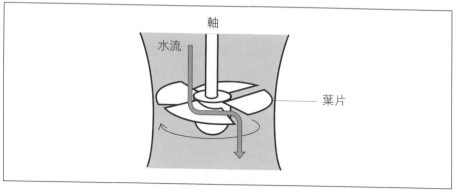

◆圖 4-14　卡布蘭水車

　　目前水力發電雖僅佔了 10%，但對於資源少的日本而言，是相當重要的發電方式。

■風力發電

　　風力發電是利用風力來轉動風車，以風車產生的力使發電機運轉來發電。

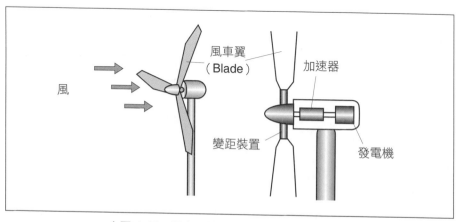

◆圖 4-15　風力發電的構造（螺旋槳型風車）

風力發電用的風車有許多種類，而最常被使用的是風能利用效率高的**螺旋槳型風車**。此類風車以風車翼來迎風，並引發迴轉運動，再藉由加速器來提昇迴轉速度以使發電機運轉。此外，時常以風向計和風速計來計測風的狀態，透過調整螺旋槳的方向或風車翼角度至最佳狀態，以期更充份地利用風力。

　　風力發電的電力供給會受風向及風速的變動影響，且風車迴轉時產生的噪音也是個問題，然而由於不需燃料且沒有排放氣體的問題，爲環保的發電方式。

第5章
便利的電氣零件

所幸世之助是可以以地球的
技術修復的。

小光徹夜嘗試修理世之助。

數日後⋯⋯

啾　　啾

修好了！

……了吧！

「吧」？

真的嗎?!

故障的部位很容易修，所以應該沒問題……

卡喳

畢竟是另一個世界的機器人，所以無法100%保證囉！

卡哩卡哩
卡哩卡哩

咕

咕咕咕……

喔、喔！

我怎麼了……好像失去意「四」了。

意「四」?!

語言功能還未完全恢復，其他功能應該是沒問題……

吧！

又是「吧」！

噗嚕嚕噗嚕嚕 ♪

喂！特特卡老師，聽得見嗎？

聽得到啊！上次怎麼突然掛斷呢？

吧！

「吧」？

世之助壞掉了！不過，小光老師幫我修好了！

話說回來，今天要把妳召回！準備好了嗎？

一下子真不知道該怎麼修，不過總算順利修好了……

啊？！怎麼這麼突然……

之前就想告訴妳了……詳情等妳回來再說吧！

我這邊會開始做召回的準備工作，妳也要快點整理喔！

好、好的……

那麼下次再說吧！

噗

……

要回去了喔……

真、真困擾……突然這麼通知我。

…

好吧！那今天就到外面上課吧！

外面嗎？

哇—！

這裡就是電器街秋葉原嗎！真是太熱鬧了！

喝哇！

而且在這邊即使穿著電邦的衣服看起來也很普通呢！

……不。

卡喳 卡喳 卡喳 卡喳

大家似乎都在拍妳……

哇！

總之今天就在這邊解說重要的電氣零件及半導體。

卡喳

卡喳

卡喳

好、好的！

1.半導體是什麼？

哇！

這裡賣好多東西呢！

電器或電子零件，什麼都有喔！

偷拍……竊聽……？

不要唸出來。看這邊。

附著在這塊基板上的就是半導體元件喔！

哇——

「半導體[2]」兼具易通電的「導體」及不易通電的「絕緣體」的中間性質。

原來如此！

*1 半導體元件：Semiconductor Devices。

*2 半導體：Semiconductor。

物質的電阻大小以名為「電阻率*」的物質固有的數值來表示。

電阻率

每種物質的電阻率都是固定的,對吧!

電阻率相當於物質的剖面積爲 1m²,長度爲 1m 時的

1m²

1m

剖面至剖面的電阻值。

哇～

Ω·m

電阻率以 Ω·m(歐姆公尺)這個單位來表示。

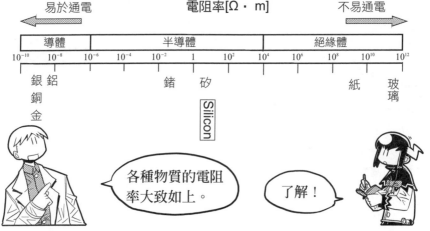

易於通電

電阻率[Ω · m]

不易通電

導體	半導體	絕緣體

10^{-10}　10^{-8}　10^{-6}　10^{-4}　10^{-2}　1　10^{2}　10^{4}　10^{6}　10^{8}　10^{10}　10^{12}

銀　鋁　　　　　　鍺　矽　　　　　　　　紙　玻璃
銅
金

Silicon

各種物質的電阻率大致如上。

了解!

特別是半導體是會受熱或光電的影響而改變電氣特性的物質。

真是不可思議的物體呢！

矽與鍺是實際可製成半導體的元素

元素符號
Ge Si
鍺 矽

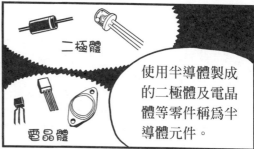

二極體

電晶體

使用半導體製成的二極體及電晶體等零件稱爲半導體元件。

這還蠻易於理解的。

Ge 鍺

Si 矽

矽或鍺都是由 1 個元素形成的。

鎵十砷
＝
砷化鎵

砷化鎵*1 等由 2 個以上的元素所組成的半導體稱爲化合物半導體*2。

啾

Ga 鎵

As 砷

原來如此。

*1 砷化鎵：Gallium Arsenide。
*2 化合物半導體：Compound Semiconductor。

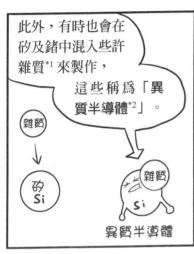

此外，有時也會在矽及鍺中混入些許雜質*1 來製作，這些稱為「異質半導體*2」。

雜質

↓

矽
Si

雜質
Si

異質半導體

而不加入雜質的就稱為「本質半導體*3」。

原來如此！

半導體有好多種喔！

Si

本質半導體

最常被當做半導體元件的原料來使用的是矽。

矽就是被稱為Silicon 的元素。

矽
Si
＝
Silicon

也就是說，矽＝Silicon。

通常，矽會形成二氧化矽*4，將其精煉後的物質常被做為半導體的材料使用。

二氧化矽 ⇒ 精煉 ⇒ 半導體材料

精煉後的矽的純度為 99.999999999% 超高純度，這就稱為 Eleven Nine。

這是接近100%的純度呀！

9 × 11

99.99999999%

1、2、3

*1 雜質：Impurity。
*2 異質半導體：Extrinsic Semiconductor。

*3 本質半導體：Intrinsic Semiconductor。
*4 二氧化矽：Silica。

矽的原子在最外層有四個價電子。

每個原子分別會釋放出 4 個電子，而形成共價鍵*的緊密結晶。

Si

堅固

原來如此。

就像是這樣緊握著手吧！日本人和電邦人也一起手牽手吧！

緊握

是、是呀！

矽的結晶並不是可自由運動的電子，它幾乎無法通電。

電量 大

Si

小

這是因為矽原子的價電子彼此緊握著手的緣故！

緊握

電

正是如此。

*共價鍵：Covalent Bond。它主要的特點是藉由兩原子間共用價電子而形成。

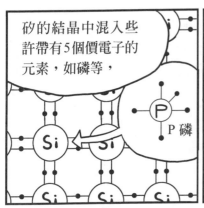

矽的結晶中混入些許帶有5個價電子的元素,如磷等,

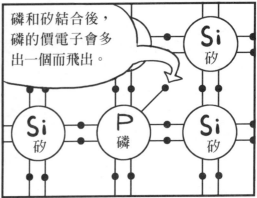

磷和矽結合後,磷的價電子會多出一個而飛出。

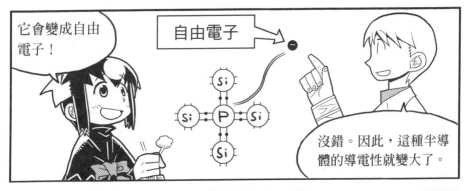

它會變成自由電子!

自由電子

沒錯。因此,這種半導體的導電性就變大了。

這種半導體中具有負電性質的電子會成為電的傳輸者,因此稱為「N型半導體*」。

為何是 N 呢?

無~力

？

是 Negative 的 N 喔!

Negative

原來如此。

*N 型半導體:N-Type Semiconductor。

176

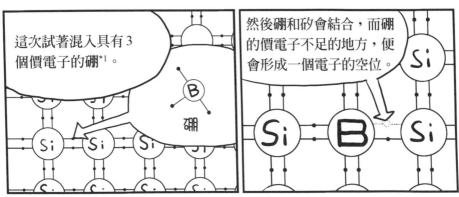

這次試著混入具有3個價電子的硼*1。

硼
B

然後硼和矽會結合，而硼的價電子不足的地方，便會形成一個電子的空位。

Si

Si B Si

空位嗎？

這個空位被稱爲電洞*2喔！

電洞

電洞不會受共價鍵束縛，

電洞

電洞 非洞

電洞 非洞

電洞

擁有如同正電荷的自由電子般的功能。

哇啊～

*1 硼：Boron。
*2 電洞：Electron Hole。

因此，此類半導體的導電性也會變大。

具有正電性質的電洞會變成電的傳輸者，因此這類半導體就稱為「P型半導體*」。

為何是P呢？

Negative 的相反是什麼？

相反……！

Positive 的 P～！

啪

沒錯！

諸如此類，純粹的矽結晶中混入雜質的磷或硼等元素，就稱為「異質半導體」。

Si P
N型

Si B
P型

異質半導體

物如其名！

*P 型半導體：P-Type Semiconductor。

2.二極體及電晶體

⚡二極體

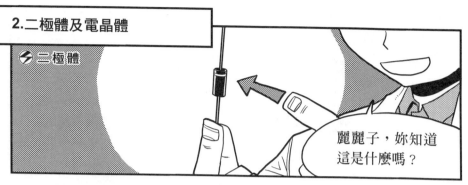

麗麗子，妳知道這是什麼嗎？

嗯……
二極體[1]？

答對了！

P 型半導體和 N 型半導體接合後，形成「PN 接面[2]」的構造後，可做成二極體這類的半導體元件。

N 型
半導體

P 型
半導體

緊貼

Si Si

2 個半導體緊密結合！

P 型半導體的電極稱為「陽極(Anode)」，

N 型半導體的電極稱為「陰極(Cathode)」。

陽極
A

陰極
K

P N

原來如此。

*1 二極體：Diode。
*2 PN 接面：PN Junction。

二極體具有何種機能呢？

可

不可

二極體具有讓電流只朝同一方向流動的整流作用的性質。

在 PN 接面的接合部分，P 型半導體的電洞會吸收 N 型半導體的自由電子。

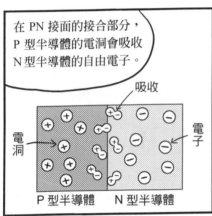

吸收

電洞

電子

P 型半導體　　N 型半導體

而形成不存在電洞和自由電子的部分。

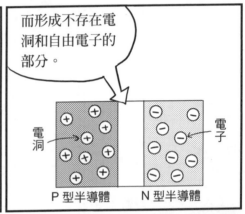

電洞

電子

P 型半導體　　N 型半導體

然後在其接合部分形成障壁，因為它會妨礙電洞和自由電子的往來，

因此稱為電位障*。

因為有障壁存在，所以只能單向通行嗎？

*電位障：Potential Barrier。

180

若有能量的話，便可以穿越這道障壁喔……

能量

現在開始說明這個機制喔！

好的！

首先，將乾電池的負極與二極體的陽極相接，

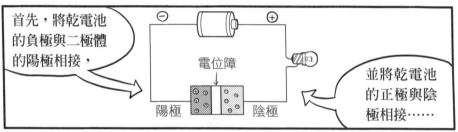

電位障

陽極　　　陰極

並將乾電池的正極與陰極相接……

電
位
障

如此一來，P型半導體的電洞和N型半導體的自由電子會分別受到電極吸引，電位障因此加大，而使電流幾乎無法流通。

像這樣的電壓施加方式稱為「反向偏壓*」。

原來如此。

*反向偏壓：Revers Bias。

接著，試著將乾電池倒過來放。

電位障

陽極　　　陰極

陽極接上乾電池的正極，陰極接上乾電池的負極。

好。

此時，N型半導體的自由電子會被乾電池的負極送出的電子推擠，而超越電位障朝陽極移動。

哇～

此外，P型半導體的電洞也受負極吸引，而朝N型半導體的方向移動。

如此一來，電就會流動了！

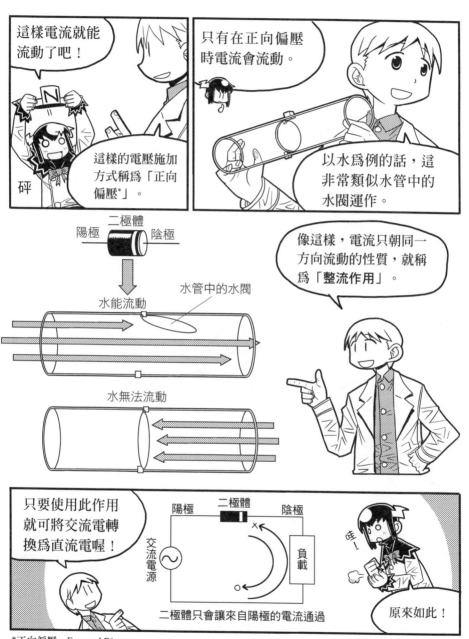

這樣電流就能流動了吧！

這樣的電壓施加方式稱為「正向偏壓*」。

砰

只有在正向偏壓時電流會流動。

以水為例的話，這非常類似水管中的水閥運作。

二極體
陽極　　陰極

水管中的水閥

水能流動

水無法流動

像這樣，電流只朝同一方向流動的性質，就稱為「整流作用」。

只要使用此作用就可將交流電轉換為直流電喔！

陽極　　二極體　　陰極

交流電源　　負載

二極體只會讓來自陽極的電流通過

哇！

原來如此！

*正向偏壓：Forward Bias。

發光二極體

二極體中也有電流以順向流動使PN接面的接合部發光的零件，

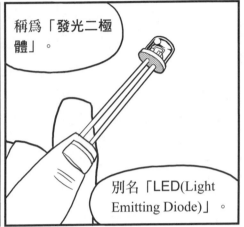

稱為「發光二極體」。

別名「LED(Light Emitting Diode)」。

我有看過！聖誕樹上都有掛！！

閃亮　閃亮

對！也曾在硬幣電池部分出現過。

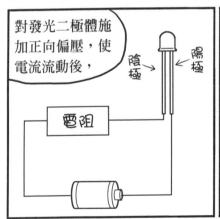

對發光二極體施加正向偏壓，使電流流動後，

陰極　陽極

電阻

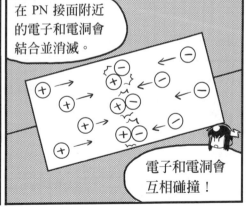

在 PN 接面附近的電子和電洞會結合並消滅。

電子和電洞會互相碰撞！

此時產生的能量會形成光而釋放出來。

釋放出的光的波長依半導體的材料不同,可釋放出各種顏色的光。

哇～

紅綠燈

戶外用大型螢幕

車內燈

手機或數位相機的背光模組

發光二極體的發光不會產生熱,能源效率佳,壽命也較長,因此可應用於許多領域。

原來生活週遭也有許多 LED 呢!

何謂電晶體？

那麼，最後來談談電晶體*吧！

拜託你了！

電晶體是藉由在電極施加電壓和控制電流來使訊號增大，以及當作開關運作的半導體元件。

開關……嗎？

那個待會再談。先來說明構造吧！

好的。

*電晶體：Transistor。

電晶體有「NPN型[*1]」及「PNP型[*2]」。

比二極體多了一個電極。

B
(base)

E —｜ N ｜ P ｜ N ｜— C
(enitter)　　　　　　　　(collector)

B
(base)

E —｜ P ｜ N ｜ P ｜— C
(enitter)　　　　　　　　(collector)

具有 B（基極）、C（集極）、E（射極）這三個電極。

將 NPN 型電晶體如圖接續後，

集極
基極
射極

N
P
N

電阻

集極內的電子會受正極吸引而聚集。

集極
電子
基極
電洞
電子
射極

電阻

另一方面，射極內的電子會被負極排斥而集中至基極─射極接合面的附近。

了解。

*1 NPN 型：將二層 N 型半導體，中間夾以一層很薄的 P 型半導體，即成 NPN 型電晶體。
*2 PNP 型：將二層 P 型半導體，中間夾以一層很薄的 N 型半導體，即成 PNP 型電晶體。

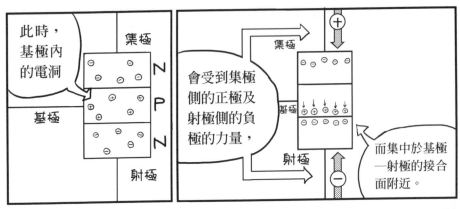

此時，基極內的電洞

集極

基極

N
P
N

射極

會受到集極側的正極及射極側的負極的力量，

集極

基極

射極

而集中於基極—射極的接合面附近。

基極—射極接合面附近便會形成沒有電子及電洞的狀態，而電流也無法流通。

電流

原來如此。

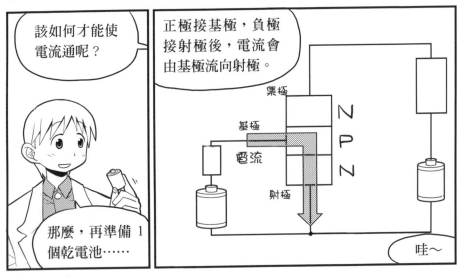

該如何才能使電流通呢？

那麼，再準備 1 個乾電池……

正極接基極，負極接射極後，電流會由基極流向射極。

集極

基極

電流

射極

N
P
N

哇～

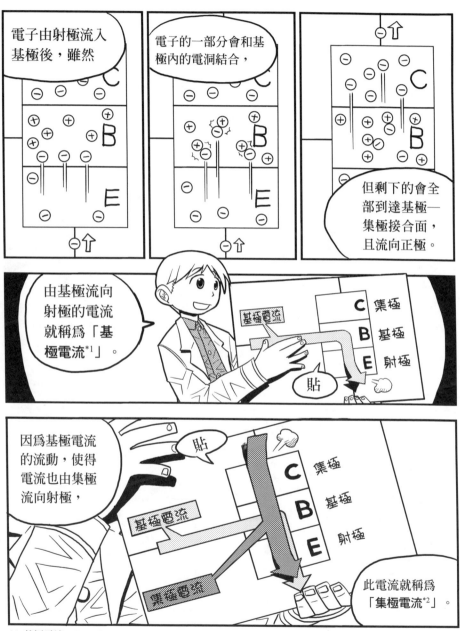

*1 基極電流：Base Current。
*2 集極電流：Collector Current。

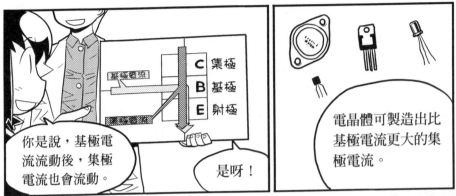

你是說，基極電流流動後，集極電流也會流動。

是呀！

電晶體可製造出比基極電流更大的集極電流。

原來如此。

集極電流

基極電流

因此，即使是微量的基極電流變化，都會讓集極電流產生相當大的變化。

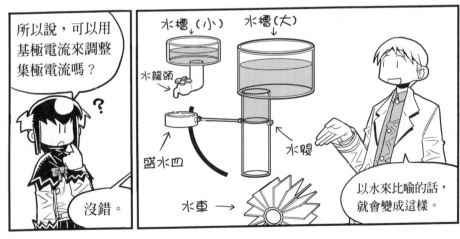

所以說，可以用基極電流來調整集極電流嗎？

沒錯。

水槽（小）　水槽（大）

水龍頭

盛水皿

水閘

水車 →

以水來比喻的話，就會變成這樣。

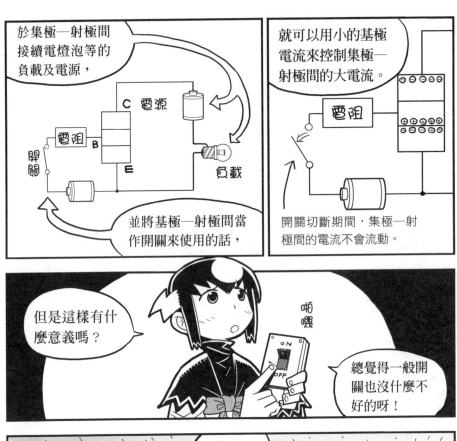

於集極—射極間接續電燈泡等的負載及電源，

並將基極—射極間當作開關來使用的話，

就可以用小的基極電流來控制集極—射極間的大電流。

開關切斷期間，集極—射極間的電流不會流動。

但是這樣有什麼意義嗎？

總覺得一般開關也沒什麼不好的呀！

這和一般開關不同，它沒有物理性的接點，所以不會有損耗，也不容易故障。此外，它可以快速地開關，所以可進行細微的控制。

原來還有這些優點呀！

雖然電視或電腦等電器都有 IC（積體電路），

但IC為1個零件中配置了電晶體、二極體、電阻、電容器等非常多零件之半導體元件。

電晶體　二極體

電阻　電容器

好多喔！

半導體元件的基礎總算談完了……

啪

也就是說……

課程到此結束！辛苦妳了。

鞠躬

微笑

我才要感謝你咧！

既然還沒要召妳回去，不如我們去散步吧！

真、真的嗎？！我太高興了！

去哪裡好呢？

差不多該回去囉！

啪噠 啪噠

什麼！時間到了嗎？

這樣呀……

那就沒辦法啦……

到高樓大廈的屋頂去吧！

我覺得可以認識小光老師眞是太棒了，

既能學到電學的基礎……

我自己也因爲教妳又學到不少。

妳回去後也要繼續學習喔！

小光老師也要努力研究喔！還有房間也要

打掃…… 還有……

嗶啪

哇噹！！

閃光

閃光

麗……

沙沙沙沙沙……

麗麗子……

追根究柢

二極體所發出的直流電

在交流電源上接上一個二極體後，負載上會因整流作用而僅有交流電源的單向電流流動。像這樣，只有交流波形的半個週期流動的整流稱為**半波整流**（Half-Wave Rectification），此時，流於負載的電流雖執行直流的工作，但由於只使用交流波形的半個週期，因此為利用效率差的整流。

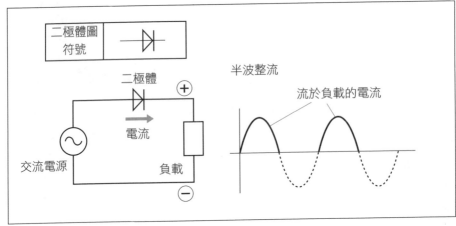

◆圖 5-1　半波整流

接下來，將四個二極體排列成橋形，然後與交流電源連接後，負載中全週期（全波）的電流均變為直流而流動。這類整流稱為**全波整流**（Full-Wave Rectification），而以這類方式被接續的二極體就稱為橋式整流二極體（Diode Bridge）。全波整流可將交流電源的全週期的電流以直流的方式使用。

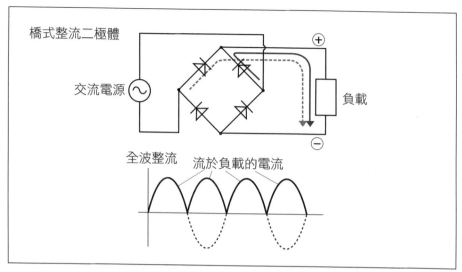

◆圖 5-2　全波整流

　　三相（Three Phase）交流也只要使用六個二極體後，即可變成全波整流。

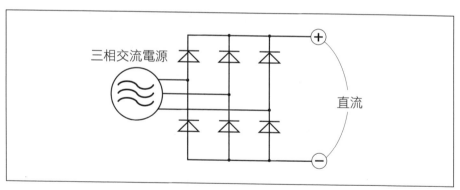

◆圖 5-3　三相全波整流

　　諸如此類的全波整流，雖較半波整流效率佳，但卻會形成很大的波形。因此，在直流輸出處接上電解電容器後，由於電容器的充電、放電功能，使得原本的全波整流的大波形變爲平坦且和緩的直流。像這類以將波流變爲平坦波形爲目的，而被置入的電容器稱爲**平滑電容器**（Filter Condenser）。

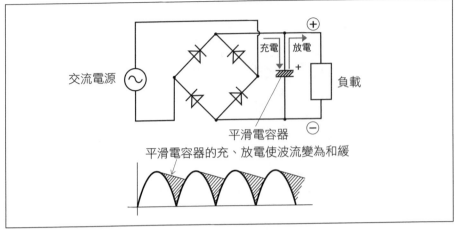

◆圖 5-4　平滑電容器

　　對**稽納二極體**（Zener Diode，定電壓二極體）施加反向偏壓，再漸漸提昇反向偏壓值後，在達到某電壓時電流會突然流出。這種現象稱為**崩潰**（Breakdown），當迴路的電壓超過所能承受的最大電壓值（崩潰電壓，Breakdown Voltage）時，電流會由陰極流至陽極，並抑制電壓的上昇。像這種的稽納二極體的特性，常用於將電壓維持固定的電壓迴路中。

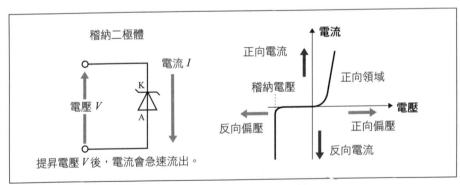

◆圖 5-5　稽納二極體的特性

　　將一般的二極體以稽納二極體來使用時，崩潰現象會於二極體內的局部發生，使稽納電流集中於局部而破損。相對於此，由於稽納二極體在 PN 接面的表面及內部是電流不會集中於局部的構造，因此即使有反向電流流通也不會造成破損。

✿何謂電晶體？

電晶體是可藉由施加於電極的電壓或是控制電流，而使訊號放大（放大作用），或是具有開關功能（開關作用）的半導體元件。

一般將以作為開關使用的電晶體來控制大電力者，特別被稱為大功率電晶體，通常使用 NPN 型電晶體。

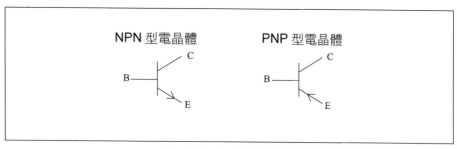

◆圖 5-6　電晶體的記號圖

使用電晶體的開關，由於不會消耗接點，因此可減少故障，又由於可快速地 ON/OFF，因此可作極細微的控制。

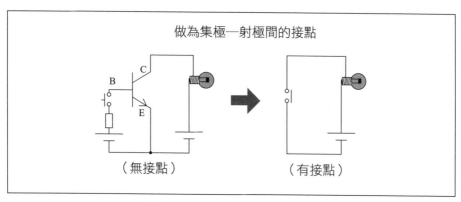

◆圖 5-7　具有開關功能的電晶體

❷ 場效電晶體

以輸入基極的電流變化來控制集極電流的電晶體稱爲**雙載子電晶體**（Bipolar Junction Transistor，簡稱 BJT，又稱爲雙極電晶體）。相對於此，不是以電流，而是藉由使輸入的電壓變化來控制電流的電晶體，稱爲**場效電晶體**（Field Effect Transistor，FET）。

由於場效電晶體沒有在輸入處流通電流，因此消耗功率非常小，具有反應速度相當快的優勢。電極有 G（Gate，閘極）／ D（Drain，汲極）／ S（Source，源極）三個，分別相當於雙載子電晶體的基極／集極／射極。場效電晶體以對輸入閘極的電壓變化來控制汲極電流（Drain current）。

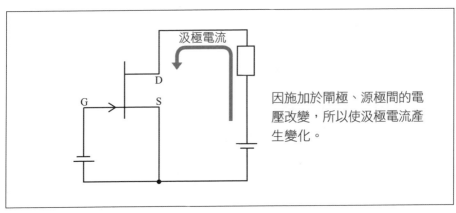

◆圖 5-8　場效電晶體（N 型通道（Channel））

電視或電腦等電子機器中，使用在 1 個零件中配置了許多的電晶體或電阻等零件的 IC。IC 的閘極則採用以氧化矽的薄膜作爲絕緣材料的金氧半場效電晶體（Metal Oxide Semiconductor Field Effect Transistor，簡稱 MOS-FET）。

❷ 逆變器和變頻器

使用二極體等將交流電轉換爲直流電的裝置稱爲**逆變器**（Converter）。與此相反，將直流電轉換爲交流電的裝置則稱爲**變頻器**（Inverter）。

逆變器
正變換裝置

變頻器
反變換裝置

交流 ➡ 直流

直流 ➡ 交流

◆圖 5-9　逆變器和變頻器

　　逆變器中使用了電晶體等，具有開關功能的半導體開關元件。將四個半導體開關元件如圖 5-10 般相接，並將 A 和 D、B 和 C 互相切換後，即可做出單相交流（Single—Phase A.C.）。此外，可藉由改變半導體開關元件的切換速度，來自由地變換單相交流的頻率。

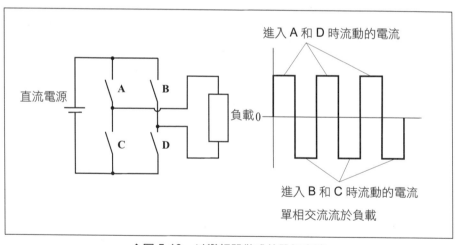

進入 A 和 D 時流動的電流

直流電源

A　B

C　D

負載 0

進入 B 和 C 時流動的電流

單相交流流於負載

◆圖 5-10　以變頻器做成的單相交流

　　使用六個半導體開關元件即可做出三相交流，它和單相交流同是可藉由改變半導體開關元件的切換速度，來做出想要的三相交流的頻率。

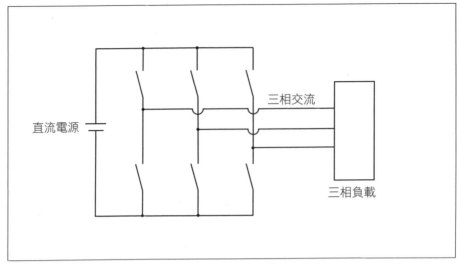

直流電源

三相交流

三相負載

◆圖 5-11　三相變頻器

　　使用交流電源的**感應馬達**（Induction Motor）之迴轉速度與電源頻率成正比。若電源頻率固定，則迴轉速度也會固定而不會產生變化。

　　為了使空調製造冷暖氣，因此壓縮機必須以馬達運轉，以壓縮冷媒氣體。若馬達的迴轉速度固定，就算只需要較小的功率時也會輸出大的功率，而造成電力的浪費。

　　因此，可藉由變頻器，製造出符合需求的頻率的交流電，再使馬達的迴轉速度依所須功率作連續變化，如此可無浪費又省能源地運轉。

　　此外，最近的變頻空調（Inverter Air Conditioner）中所採用的是以直流電源迴轉的直流馬達。為了改變直流馬達的迴轉速度則需要改變電壓，這也得使用半導體開關元件。

　　變頻器除了用於空調外，目前也已擴大運用到其他各個領域，例如，照明機器或冰箱等生活中的電器，甚至鐵路的車輛中等。

☯感測器是什麼？

電器中裝置了多種可代替人體的眼睛或皮膚的感覺的感測器（Sensor）。人類具有視覺、聽覺等五感。若電器亦具備五感來運作，便可代替人類進行各種工作。

具有五感的功能者即爲感測器。例如，電暖桌以溫度感測器來感測溫度，以控制電暖器的開關。因此我們不需要隨時去控制開關。

由於感測器可將光或熱等物理性資訊，變換爲電的資訊，再傳輸至電路中，使電器可自動運轉。此外，感測器中，還有能感測到人類無法感覺到的磁氣、無法看見的紅外線的感測器。

☯溫度感測器

溫度感測器爲可依溫度變化切換接點，或依溫度變化使電阻改變的裝置。溫度感測器又分爲直接與欲測試溫度的物質接觸的接觸式，及不需接觸即能感測其放射出的熱能的非接觸式兩種。

接觸式的溫度感測器中，又分別有**熱敏電阻**（Thermistor）、**恆溫器**（Thermostat）及**熱電偶**（Thermocouple）等許多種。此外，非接觸式的則有**紅外線感測器**。

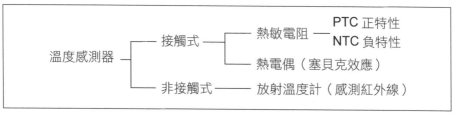

◆圖 5-12　溫度感測器的分類

雙金屬（Bi-Metal）恆溫器是最簡單的溫度感測器。它使用熱膨脹率不同的 2 種類金屬板貼成一體，並使用伴隨溫度變化而彎曲的雙金屬的溫度感測器。恆溫器通常用於電暖桌，由於它是以接點直接控制電暖器的開關，因此只能執行變動大的溫度控制。斷路器的過電流（Overcurrent）也是使用雙金屬的溫度感測器。

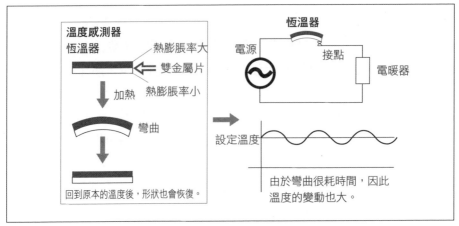

◆圖 5-13　雙金屬恆溫器的溫度控制

　　熱敏電阻爲依溫度變化而使電阻不斷變化的溫度感測器。一般而言，金屬亦隨溫度而使電阻改變，然而即使僅有小量的溫度變化，熱敏電阻的電阻值也能產生顯著的變化。此外，由於熱敏電阻中，無法使大電流直接流動，因此必須和電路組合以控制溫度。

　　熱敏電阻有：當溫度上昇時，電阻值亦上昇的正特性熱敏電阻，及溫度上昇時，電阻值下降的負特性熱敏電阻兩種。正特性熱敏電阻稱爲 PTC 熱敏電阻，負特性熱敏電阻稱爲 NTC 熱敏電阻。

　　最近的空調或冰箱中的溫度感測器皆採用熱敏電阻，藉由半導體元件和電路的組合，將可達成極細微的溫度控制。

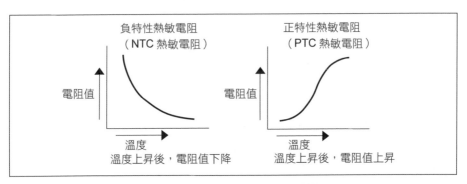

◆圖 5-14　熱敏電阻的溫度特性

⊘光感測器

光感測器（Photo Sersor，或稱為光偵測器（Photo Detector））可如同我們的眼睛一般感測光。目前被廣泛地運用在天色變暗時，自動開啟街燈，以及電器的紅外線遙控器的受光部上等。

光感測器可將光能轉換為電的訊號。金屬等的物質吸收光能，而放出電子的現象稱為**光電效應**（Photoelectric Effect）。（圖 5-15）

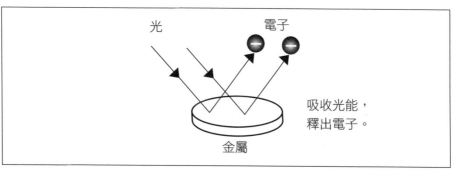

光
電子
吸收光能，
釋出電子。
金屬

◆圖 5-15　光電效應

此外，半導體的接面因光電效應而出現電壓的現象稱為**光起電力效應**（Photovolatic Effect，簡稱 PE，又稱為光伏效應）。運用了光起電力效應的光感測器分別有，**光電二極體**（Photodiode）及**光電電晶體**（Phototransistor）等兩種。使用於太陽能發電的**太陽能電池**也是透過光起電力效應來發電。

當太陽能電池的 PN 接面接觸到光能時，電子和電洞分別會向負極及正極移動，而產生電動勢。將此與負載連接後，電流就會流動。

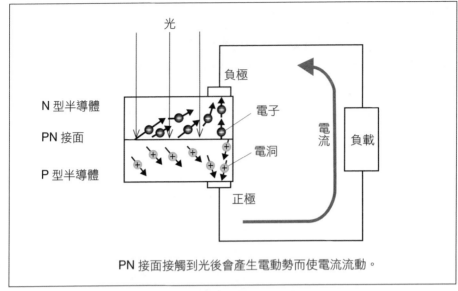

PN 接面接觸到光後會產生電動勢而使電流流動。

◆圖 5-16　太陽能電池的光起電力效應

　　電子等因光電效應而產生電的運輸者，使物質的內部電阻值產生變化者稱為**光電導效應**（Photo Conduction）。CdS（硫化鎘）電池為利用光電導效應的一例。

　　光電二極體是一旦受到光或紅外線，就會因光起電力效應使電流由陰極流向陽極的半導體元件。此時流動的電流依光的強弱而發生變化，只要測定此電流就可當作光感測器來應用。

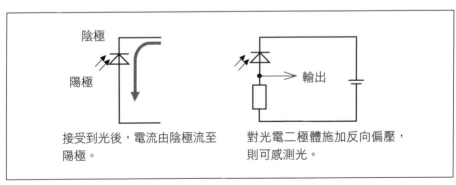

接受到光後，電流由陰極流至陽極。

對光電二極體施加反向偏壓，則可感測光。

◆圖 5-17　光電二極體

將光電二極體和電晶體相組合後的零件稱為光電電晶體。光電電晶體中雖有基極，但一旦受光後，則會和基極電流流動時一樣，集極電流也會流動。此外，集極電流也會依光的強弱產生變化。

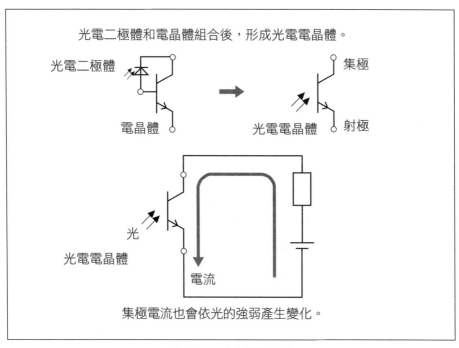

◆圖 5-18　光電電晶體

只要使用如同光電電晶體般的光感測器，則不需接觸目標物體，也可感測出物體位置，或是物體是否存在。

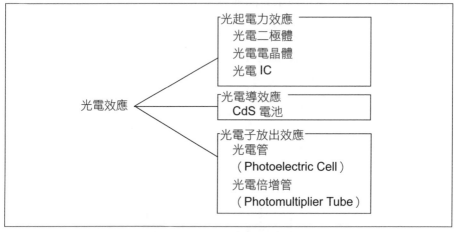

◆圖 5-19　光電效應和光感測器

目前光感測器被廣泛使用於，可感測亮度以控制照明燈具的開關或調光裝置，以及光遮斷感測器的防盜裝置等。

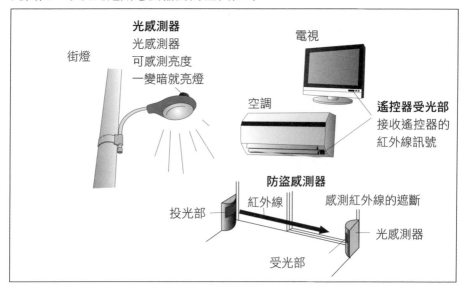

◆圖 5-20　光感測器的用途

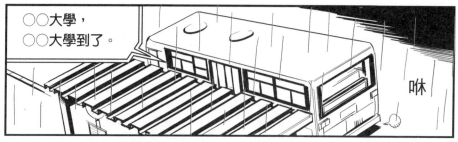

○○大學，
○○大學到了。

咻

哇！怎麼突然
下雨了……

糟糕！忘了
帶傘……

?

沙沙沙沙……

轟
轟

隆

沙沙沙沙沙……

研究室不知道有
沒有怎麼樣？

噠

怎麼之前好像
也說過同樣的
話……

……咦？

210

索 引

國家圖書館出版品預行編目資料

世界第一簡單電學原理 / 藤瀧和弘著；林羿妏譯.
-- 初版. -- 新北市新店區 ： 世茂, 2009. 06
　　面 ；　公分. -- （科學視界；99）

含索引
ISBN 978-957-776-986-2（平裝）

1. 電學　2. 通俗作品

337　　　　　　　　　　　　　98005591

科學視界 99

世界第一簡單電學原理

作　　　者／藤瀧和弘
譯　　　者／林羿妏
主　　　編／簡玉芬
責任編輯／李冠賢
作　　畫／MATSUDA
製　　作／TREND・PRO
封面設計／江依坪
出 版 者／世茂出版有限公司
地　　址／（231）新北市新店區民生路 19 號 5 樓
電　　話／（02）2218-3277
傳　　真／（02）2218-3239（訂書專線）
　　　　　（02）2218-7539
劃撥帳號／19911841
戶　　名／世茂出版有限公司　單次郵購總金額未滿 500 元（含），請加 80 元掛號費
網　　站／www.coolbooks.com.tw
排版製版／辰皓國際出版製作有限公司
印　　刷／世和印製企業有限公司
初版一刷／2009 年 6 月
　　九刷／2022 年 1 月

定　　價／280 元
ＩＳＢＮ／978-957-776-986-2

Original Japanese edition
Manga de Wakaru Denki
By Kazuhiro Fujitaki and Kabushiki Kaisha TREND-PRO
Copyright ©2006 by Kazuhiro Fujitaki and Kabushiki Kaisha TREND-PRO
published by Ohmsha, Ltd.
This Chinese Language edition co-published by Ohmsha, Ltd. and SHYMAU PUB-
LISHING COMPANY
Copyright © 2009
All rights reserved.

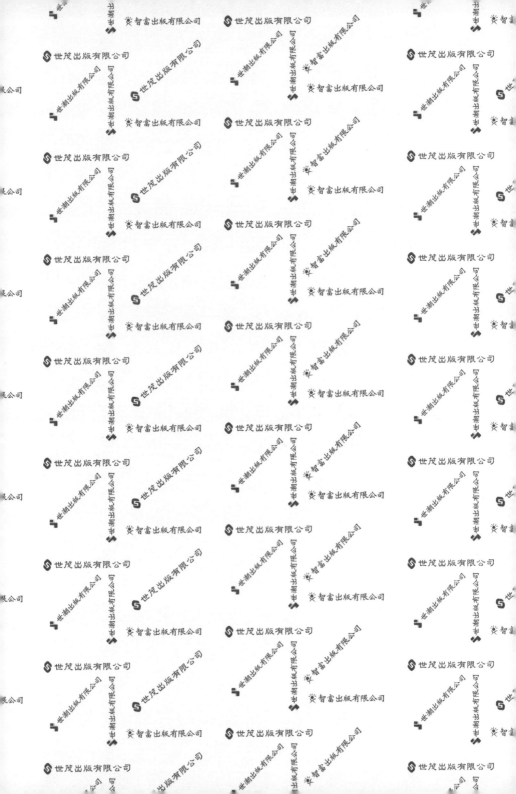

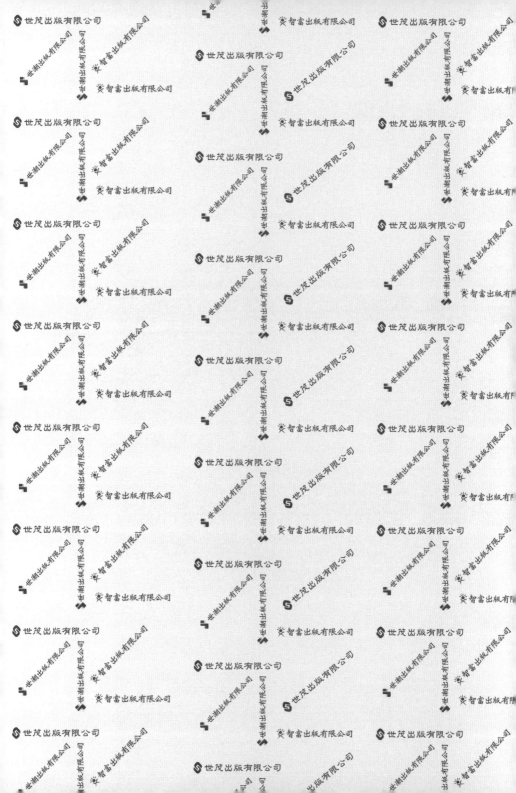